论博弈的本质

孙玉忠 ◎ 编著

北方妇女儿童出版社
·长春·

版权所有　侵权必究

图书在版编目（CIP）数据

论博弈的本质 / 孙玉忠编著 . -- 长春：北方妇女儿童出版社，2025.1. -- ISBN 978-7-5585-8594-4

Ⅰ. O225

中国国家版本馆 CIP 数据核字第 202495E2R7 号

论博弈的本质
LUN BOYI DE BENZHI

出 版 人	师晓晖
责任编辑	于德北
装帧设计	天下书装
开　　本	710mm×1000mm　1/16
印　　张	9
字　　数	150 千字
版　　次	2024 年 6 月第 1 版
印　　次	2025 年 1 月第 1 次印刷
印　　刷	三河市南阳印刷有限公司
出　　版	北方妇女儿童出版社
发　　行	北方妇女儿童出版社
地　　址	长春市福祉大路 5788 号
电　　话	总编办：0431-81629600
定　　价	49.80 元

PREFACE 前言

　　博弈论是研究博弈行为和决策过程的学科，它包括数学、经济学等多个领域。自20世纪40年代诞生以来，它已逐渐成为理解和应对复杂社会现象的重要工具。

　　在博弈论的视角下，每个人、每个组织甚至每个国家都是一个参与者，他们都在追求自己的最大利益。这些利益并非孤立存在，而是与其他参与者的行为和决策紧密相连。因此，博弈论强调的不仅是个人策略的选择，更是对整体局势的把握和对他人行为的预测。

　　在日常生活中，我们无时无刻不在进行着博弈。无论是工作中的决策，还是生活中的选择，都是一场场博弈的过程。根据领导、同事、朋友、伴侣的行为和态度，我们在不断地调整自己的策略，以期达到最佳的效果。这些看似琐碎的日常决策，其实都蕴含着深刻的博弈逻辑。

　　博弈论的伟大之处在于它能够通过一系列量化概念，如规则、身份、信息、行动、效用、平衡等，对人情世故进行精确的分析。它像一把钥匙，能够打开我们理解社会现象的大门，让我们更清晰地看到人们之间的互动关系和行为模式，同时根据他人的行为和环境的变化，不断调整自己的策略，以应对各种挑战和机遇。

　　为了让读者轻松掌握博弈论的精髓，本书致力于将复杂的理论转化为易于理解的语言和实例。无须烦琐的数学公式，你只需拿出零散的时间翻阅本书，便能逐步领会博弈论的魅力并成为博弈大师。

通过阅读本书，你将学会如何在日常生活和工作中运用博弈论的战略思考问题。无论是在与同事的沟通、与领导的交流，还是在家庭关系的处理上，你都能更加敏锐地洞察他人的意图，制定出更加有效的应对策略。这种战略思考能力的提升，将使你在各个方面都更上一层楼。

本书不仅教你如何运用博弈论，更注重培养你的独立思考能力和批判性思维。通过对博弈论的学习，你将学会如何在复杂的社会环境中保持清醒的头脑，不被表面的现象所迷惑，能够透过现象看本质，做出更为明智的选择。

孙玉忠
2024.03.01

CONTENTS 目录

第一章 认识博弈论

什么是博弈论······················002

博弈的基本要素··················006

博弈的分类······················010

博弈无处不在····················014

博弈要正确判断··················018

第二章 博弈论经典策略一

零和博弈························022

斗鸡博弈························026

智猪博弈························030

纳什均衡························034

蜈蚣博弈························038

海盗分金························042

脏脸博弈························046

猎鹿博弈························050

第三章 博弈论经典策略二

信息博弈························054

信息不对称……………………………………………… 058
囚徒困境………………………………………………… 062
重复博弈………………………………………………… 066
酒吧博弈………………………………………………… 070
枪手博弈………………………………………………… 074
警察与小偷博弈………………………………………… 078
协和谬误………………………………………………… 082

第四章　生活中的博弈

后发制人，制定博弈策略……………………………… 088
打破惯性思维，因利而制权…………………………… 091
学会保护自己，收敛锋芒……………………………… 095
提升耐心与信心，长线博弈…………………………… 099

第五章　人际交往中的博弈

宽容一些，避免两败俱伤……………………………… 104
学会坦诚，让诚信滋养人际关系……………………… 108
以德报怨，广结人脉得贵人…………………………… 112
说话留余地，免受失言之害…………………………… 116

第六章　职场中的博弈

读懂老板，你的职场就成功一半……………………… 122
适时请赏，正确看待自己的薪资……………………… 126
保持理智，跳槽也是一门学问………………………… 130
谈判博弈，知彼知己百战不殆………………………… 134

第一章 认识博弈论

　　博弈论,这张隐形的网,已深深融入我们的工作和生活的每个细微之处。无论是工作中的策略较量,还是日常交往中的人际互动,博弈论都以其独特的魅力默默地影响着我们。它指引我们在纷繁复杂的世界中,以理性的眼光和敏锐的思维,寻求最佳的决策之道,赋予我们更多的智慧,让我们从容地面对生活中的挑战。

什么是博弈论

> 博弈论诞生于1928年,由匈牙利数学家约翰·冯·诺依曼开创。它以独特的视角揭示了竞争与合作中的策略奥秘,引领我们深入思考决策背后的逻辑。博弈论不仅是一门科学,更是一种洞察世界的锐利工具。

派对中突发大火,在生死关头,两道门摆在眼前。人多之门拥挤难行,风险重重;人少之门或许能寻得一线生机。这正是博弈的奥妙所在,每个人的选择都会影响到他人的命运。罗伯特·约翰·奥曼这位诺贝尔经济学奖得主,将博弈论比作"互动的决策论",揭示了人们在决策时相互影响的微妙关系。在这场博弈中,明智的选择显得尤为关键,我们需要洞察形势,权衡得失,方能找到通向安全的道路。

博弈如同生活中的策略较量,就像一场智力游戏。在博弈中,我们既要制定自己的策略,又要揣摩对手的想法。生活中的互动处处体现博弈,它并非钩心斗角的工具,而是引领我们更用心地生活、更明智地处理人际关系的智慧之钥。

小陈是某公司的一位部门负责人,性格直爽,说话坦率,但常常不讲究措辞和场合。有一次,公司高层出现了一个空缺,小陈觉得自己是最有希望晋升的人选,于是满心欢喜地等待着好消息。然而,老板告诉他这个职位将采取外聘的方式,暂时不考虑内部提拔。

小陈的心情一下子跌入谷底,虽然没有直接对老板表达不满,但在私下里抱怨连连。他不明白老板的决定,于是决定再次找老板争取。他向老板列举了自己的业绩和贡献,但老板还是坚持自己的意见。

小陈一气之下,冲动地向老板提出了辞职。他以为老板会挽留自己,但没想到老板竟爽快地答应了。第二天,新经理的职位就被另一个和小陈地位相当但能力稍逊的小赵接任了。原来,老板也曾对小赵说过同样的话,但小赵毫无怨言。沉不住气的小陈因未能控制住情绪,错失了晋升机会,将职位拱手让人。

博弈智慧在生活中的妙用

博弈论不仅仅是一个学术领域的理论,更是生活中不可或缺的智慧之源。从职场中的竞争晋升到日常琐事的选择决策;从国际关系的纷繁复杂到朋友间的互动交往,博弈的智慧都在默默地发挥着作用。像小陈那样因情绪失控而失去晋升机会的例子并不在少数,这就警示我们要善用博弈策略,避免在关键时刻失策。博弈论教导我们要保持冷静,理性分析,从而制定出最有利于自己的策略。无论是工作中的较量还是日常人际关系的处理,博弈论都能为我们提供宝贵的指导性意见。掌握博弈的智慧,我们就能从容地面对生活中的挑战,从而取得更加出色的成果。

在繁华的城市中有两位生意人,他们分别是小李和小马。一天,他们都想买下一块地皮,建造属于自己的商业大楼。但是,地皮的拥有者只能是其中的一位。

小李和小马决定展开一场博弈,看谁能以更具智慧的方式赢得这块地。小李提出了一个详细的商业计划,证明在此地皮上建起的大楼将成为城市的地标，并带来丰厚的经济利益。小马则通过一系列社区活动和慈善项目展现他的大爱精神，承诺在此地皮上将建造一个服务社区的综合性建筑。

这时，地皮的拥有者陷入了沉思，他很难做出决定。最终，他提出了一个妙计：将地皮分成两半，让小李和小马各自建造他们的大楼。这样一来，城市不仅得到了两座独特的建筑，还促进了社区的发展。

这场博弈让人们明白，生活中的博弈智慧并不是单纯的竞争，而是寻找双赢的可能性。

生活中的策略游戏：博弈的智慧

博弈论就像玩一场策略游戏，要动脑筋想办法才能赢。在这场游戏里，我们每个人都是玩家，要在不同的情况下做出最好的选择。有时候，博弈就像下棋一样，一步走错就可能满盘皆输。博弈不只是看谁更聪明，更重要的是看谁能更懂人心，更会制订计划。无论是工作、学习还是交朋友，我们都在用博弈的智慧。就像参加一场有趣的比赛，每个人都在努力，看谁能赢得更多。这就是博弈的魅力，它让我们的生活更有趣，也更具挑战性。

第一章 | 认识博弈论

博弈论：扭转乾坤的智慧

博弈论也深刻地揭示了人们在互动决策中的智慧较量。在我们熟知的"田忌赛马"的故事中，同样也蕴含着博弈论的精髓。田忌运用智慧，巧妙调整马的出场顺序，以弱胜强，赢得了比赛的胜利。这正是博弈论在实际生活中的应用。它告诉我们，在竞争中，不仅需要实力，更需要策略与智慧。通过精心策划和巧妙布局，我们能够在看似不利的局面中扭转乾坤，取得出人意料的胜利。

战国时期的齐国，有一位名叫田忌的将领，他常与贵族们以赛马为乐，进行一场场豪赌。然而，由于田忌的马匹略逊一筹，他总是输多赢少。一日，孙膑作为宾客造访田府，目睹了赛马的盛况，对双方的马匹实力了如指掌。

田忌在一次赛马后，满面愁容地回到府邸，孙膑却向他保证，定能助他赢回之前的损失。第二天，赛马再次举行，田忌在孙膑的指导下，对马匹的出场顺序进行了巧妙的调整。结果出人意料，田忌竟以两胜一负的战绩赢得了比赛。

原来，孙膑深知赛马背后的博弈之道。他分析出，尽管田忌的马匹不如对手，但只要灵活运用策略，仍有机会取胜。他建议田忌以弱对强，以强对中，以中对弱，这样的布局使得田忌在劣势中找到了胜机。

博弈的基本要素

> 博弈的终极目标，就是让自身的利益达到顶峰。每一次较量，我们都绞尽脑汁寻找最有利的策略，希望能够在这场竞争中获得最大的好处。无论是商业谈判、市场竞争，还是日常决策，博弈的智慧都能帮助我们敏锐地捕捉机会，实现利益的最大化。

每个博弈游戏都离不开五个关键元素：参与者，也就是玩这场游戏的人；行动方案，即他们选择怎么玩；输赢情况，不同玩法带来的好处和坏处；情报，参与者了解到的游戏信息；稳定状态，游戏最终达成的平衡局面。这五个要素共同撑起了博弈的完整架构。

在博弈的大舞台上，每个参与者都是不可或缺的重要角色。他们凭借自己的聪明才智和独特策略，投入这场激烈的较量中。每个人都渴望从这场博弈中脱颖而出，赢得胜利。有的参与者深思熟虑，精心策划；有的则果断出击，勇往直前。这些各具特色的参与者们，共同构成了博弈世界中最亮丽的风景，让这场智力盛宴更加精彩纷呈。他们的存在，让博弈不再只是简单的游戏，而是充满了无限挑战与机遇的竞技场。

周末的夜晚，是难得的宁静时光。晚餐过后，一对夫妇悠闲地坐在沙发上，准备享受电视时光。然而，电视机的遥控器成了两人争夺的焦点。丈夫心心念念的是即将到来的世界杯比赛，妻子则期待着一部连续剧的播出。两人都知道，电视机只有一个，频道却有两个他们都想看的。

丈夫提出，他平时工作繁忙，难得有闲暇看球，希望妻子能体谅。妻子则认为，连续剧的高潮部分不容错过，且球赛可以重播。双方各执己见，一场关于遥控器的博弈悄然展开。

在这场博弈中，双方都展现出了理性的一面，他们明白，对方的决策也会影响到自己。正因为双方都追求自己的最大利益，这场博弈才显得尤为经典。在博弈的世界里，没有绝对的胜者，只有更精妙的策略。这对夫妇的争夺，正是博弈的生动写照。

博弈中的智勇双全

在博弈的舞台上，智勇双全的行动方案是每位参与者取胜的关键。他们需要深思熟虑，制订出既能稳固自身阵地，又能巧妙应对对手挑战的行动方案。这些方案需灵活多变，随着局势的演变而不断调整。只有精心策划出这样的行动方案，才能在博弈中占据有利地位，实现利益的最大化。因此，制订智勇双全的行动方案，是每个博弈者都必须全力以赴的任务。

博弈中的胜败荣辱

在博弈的舞台上,胜败荣辱是每个参与者都密切关注的焦点。每场较量,都是一场智力与策略的角逐。每一次策略的选择、每一次行动的决断,都牵动着参与者的心弦,影响着最终的输赢。胜者光芒四射,享受荣耀与利益;败者黯然失色,承受挫败与损失。然而,胜败并非永恒,它随着局势的变化而不断更迭。在这场博弈中,我们需要敏锐洞察,精准判断,灵活调整策略,才能在激烈的竞争中立于不败之地,实现利益的最大化。

博弈中的情报策略

在博弈的过程中,情报是制定策略、采取行动的关键依据。古人云:"知己知彼,百战不殆。"我们深知自身实力与弱点,明了对手的优劣与动向,是取得胜利的重要前提。通过精心搜集与分析情报,我们可以洞察对手的战略意图,预测市场的变化趋势,从而制定出更为精准有效的策略。情报的获取与运用,不仅是对智慧的考验,更是对胆识与决断力的挑战。在这场智力与策略的较量中,掌握丰富的情报,善于运用已经掌握的情报,将成为我们取得胜利的重要法宝。

小颖作为某大型企业的部门副主管,其出众的能力在业界有口皆碑。无论是业务执行还是文案编写，她都展现出了非凡的才华，赢得了上级的高度认可。她性格开朗，与人为善，深受同事们的喜爱。然而，最近的一次人员变动让她心生疑惑。

公司提拔了一位在资历、能力和业绩上都逊色于她的女同事担任部门经理，这一决定让小颖感到不解。尽管上司一直鼓励她继续努力，但升迁的机会似乎总是与她擦肩而过。

就在小颖准备找上司理论一番时，她偶然得知了一个公司的内部情报——原来，老板对她另有重用，计划让她出任分公司总经理。这一消息让小颖的心情豁然开朗，她瞬间放下了心中的不满和疑惑。她明白，情报在决策中扮演着至关重要的角色。这次经历让她更加深刻地认识到了情报的重要性，也让她对未来的工作充满了期待和信心。

博弈后的平稳局面

在充满变数的博弈过程中，最终迎来的往往是一个平稳的局面。这个局面就像是一场雨后的宁静，各方力量在风雨洗礼后找到了新的平衡。这种平衡并非一蹴而就，而是参与者们在策略与智慧的比拼中逐渐磨合、调整的结果。没有永远的强者，也没有永恒的弱者，只有那些能洞察时局、灵活应对，同时又懂得尊重对手、追求和谐共赢的博弈者，才能在这场较量中站稳脚跟，走向最终的平稳局面。

博弈的分类

> 了解博弈论知识对现代人的重要性不言而喻。在复杂多变的社会环境中,策略选择至关重要,博弈论正是揭示策略选择的本质所在。掌握博弈论的种类,我们能够更好地应对各种挑战,制定更有效的策略,从而在竞争中立于不败之地。

博弈这个决策与竞争的核心概念,可以分为两大类别:协作博弈和竞争博弈。协作博弈,就像大家手拉手一起前进,通过商量和配合,让大家的利益都能最大化;竞争博弈,则更像是单打独斗,每个人都想方设法让自己的利益最大化。这两种博弈方式各有特点,一起构成了博弈论的广阔天地。

竞争博弈,是博弈的普遍形式,也是我们生活中常见的现象。无论是工作上的晋升竞争,还是市场上的商业角逐,抑或是日常生活中的微妙较量,都是竞争博弈的缩影。

在一个古镇上,张师傅和李师傅分别经营着两家瓷器工坊,他们一直在技艺上相互竞争。每年的瓷器展览会是他们展现才华的舞台,两人都希望能赢得镇上居民的赞誉。

然而,有一天,一位瓷器收藏家希望找到一件融合了两家特色的作品。面对这一挑战,张师傅和李师傅意识到单凭个人之力难以完成这个作品。于是,他们决定放下过去的恩怨,尝试协作博弈。

两位师傅开始互相交流技艺,共同设计作品。经过一番不懈的努力,他们成功创作出了一件融合两家特色的精美瓷器,赢得了收藏家的赞赏。这次合作不仅让两人重新找回了友谊,还让他们的技艺更上一层楼。

这个故事告诉我们,协作博弈能够打破竞争的局限,让我们发现更多的可能性。通过合作与交流,我们可以实现资源共享与互补,创造出更加卓越的成果。

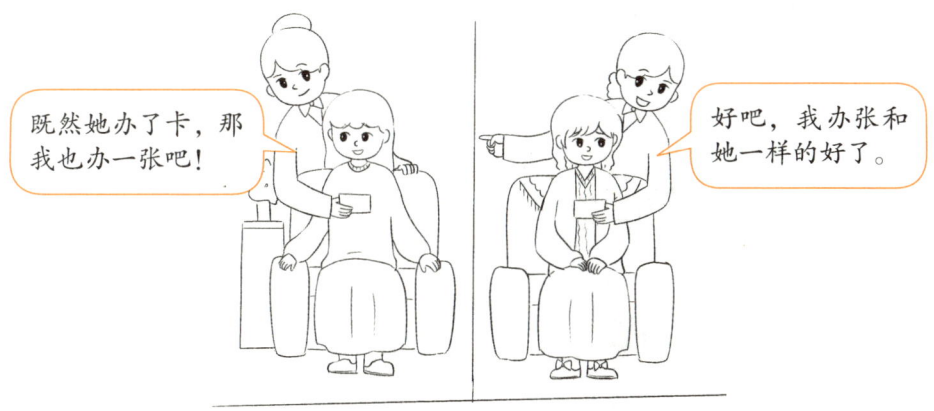

博弈的两面:静态与动态

博弈这盘大棋可以分为静态和动态两种玩法。静态博弈就像是定格的快照,大家作决策时都不知道对方会怎么出招,只能凭着自己的智慧和预感。动态博弈就像是个连续的电影,每个人的决策都会影响到其他人,大家你来我往,不断调整,像是在跳一场策略的舞蹈。这两种博弈就像是现实世界的两面镜子,让我们能更好地看清各种竞争和合作的场景,从而找到应对的妙招儿。

博弈的两面：完全信息与不完全信息

在博弈的舞台上，信息的掌握如同明灯与迷雾的对比。完全信息博弈就如同在明亮的灯光下对弈，双方对彼此的策略和意图一目了然，较量的是智慧与策略的高低。不完全信息的博弈则像是在朦胧的迷雾中摸索，参与者只能凭借有限的信息进行决策，每一步都充满了未知与变数。无论是明灯下的较量，还是迷雾中的摸索，都需要我们敏锐洞察、灵活应对，从而在博弈中取得优势。

博弈：信息为王

在博弈大战中，信息就像是一把利剑，能助你披荆斩棘。如果你手中的信息全面时，你就像是有了千里眼，对手的每一步都逃不出你的法眼，让你能稳稳地制定战术。如果你手中的信息不足时，你就像走在黑夜里，只能凭借自己的感觉和判断，小心翼翼地摸索前行。但不论遇到哪种情况，信息都是你的得力助手。多收集、多分析，用信息武装自己，你才能在博弈的战场上笑傲江湖。

在满是泥巴的猪圈里，大胖猪和小瘦猪每天都在琢磨怎么分吃的。它们各有各的策略，但小瘦猪发现无论大胖猪怎么行动，自己等着总是能多吃一点儿。因此，小瘦猪总是选择等待。大胖猪为了不至于饿肚子，只好去按按钮来叫食物。这样一来，两头猪形成了一个平衡：大胖猪干活，小瘦猪等着吃，两者都能吃到一定量的食物。这就是搭便车的道理，强者总被弱者占便宜。然而，如果两头猪都强大且聪明，手里都握着很多信息，那它们的较量将变得更加复杂和激烈。它们会如何运用自己的智慧和策略来争夺食物呢？这将是一场难以预测的大战。在这场较量中，谁能占据优势，谁又能笑到最后，都是未知数。但无论结果如何，这场较量都将充满智慧和策略，让人叹为观止。

博弈的变幻莫测

博弈就像是一场场风云变幻的棋局，每一步都充满了未知与变数。参与者们斗智斗勇，时而勇猛进攻，时而稳重防守，每个选择都如同棋盘上的落子，决定着整个局面的走向。在这场智慧与策略的较量中，有人敏锐洞察，有人巧妙布局，也有人在变幻莫测中摸索前行。博弈的变幻莫测，不仅考验着参与者的智慧与勇气，更在无形中塑造着未来的格局。在这场激烈的较量中，谁将成为最后的胜利者、谁将笑傲群雄，这一过程充满了无尽的可能。

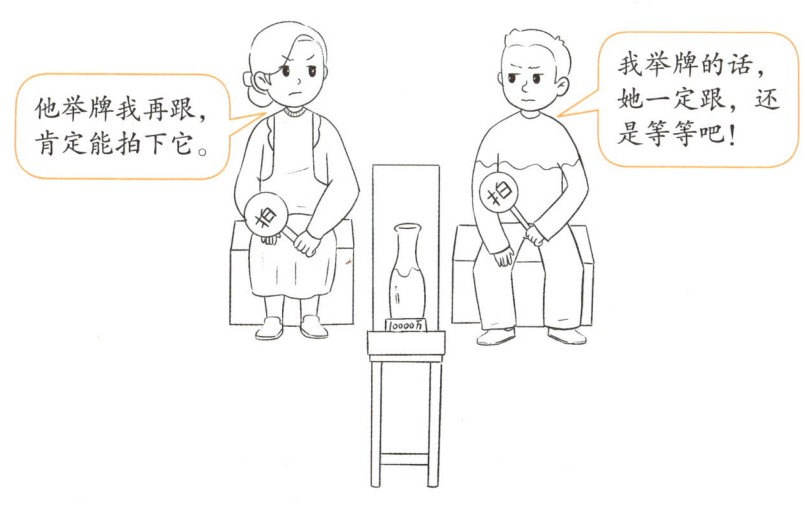

博弈无处不在

> 在我国,博弈的智慧历史悠久,比如古代的《孙子兵法》《三十六计》都充满了这种思想。其实,博弈在生活中也无处不在,就像我们平时玩的棋类游戏,或者和朋友间的策略对决,都是博弈的表现。它考验着我们的智慧,让我们的生活变得更加有趣。

生活中,博弈论无处不在,学习它就像掌握了一门巧妙的生活艺术。无论是日常决策,还是人际交往,博弈论都能帮助我们更好地分析形势,制定策略。只有深入学习博弈论,我们才能更好地应对生活中的各种挑战,从而成为博弈的高手。

哈佛大学作为世界顶级学府,深知博弈论的重要性,因此特设了专门的课程。在这门课程中,学生们可以深入探索博弈的智慧,学习策略的运用,为未来的生活与事业奠定坚实的基础。

杰弗里·瑞波特是哈佛商学院的传奇教授，曾分享过他在哈佛读书时的一段经历。大二那年，他遇到了一场特别的动物学考试。教授带来一个巨大的鸟类标本，但标本被厚厚的布遮住，只露出两条细腿和一些羽毛。学生们需要根据这些线索，推测出它的生活习性。

这场考试有点儿古怪，但大部分学生还是很认真地写报告。然而，有一个学生因为不满考试方式，跟教授吵了起来，结果没能及格。这个学生的冲动，让他在博弈中吃了亏。在哈佛，这样的博弈其实很常见。学生和教授、课程、学校之间都在斗智斗勇。

哈佛虽小，却像是社会的缩影。我们每个人在生活中，都会遇到各种博弈。无论是工作、交友，还是日常选择，都需要我们用智慧的头脑去应对。只有这样，我们才能在这场没有硝烟的战争中获胜。

博弈之影，无处不在

博弈这一智慧与策略的较量，如同空气般无处不在，渗透于我们生活的每一个角落。在商海中，它表现为企业间的竞争与合作，每个决策都关乎企业的生死存亡；在职场中，它则表现在同事间的升迁博弈，每一次选择都关乎职业未来。在日常生活中，与朋友间的棋局对弈、家庭决策也都充满了博弈的智慧。博弈无处不在，它既是挑战，也是机遇。

论博弈的本质

博弈伴人生，智慧掌输赢

博弈如同人生路上的伙伴，伴随我们走过每一个阶段。无论是学业、事业，还是生活琐事，都充满了博弈的智慧。掌握博弈论，便是掌握了一把开启成功之门的钥匙。它教会我们在复杂多变的环境中如何做出明智的决策，如何在与他人的较量中保持优势。因此，我们应该深入学习博弈论，将其精髓融入日常思考与行动中。只有正确掌握博弈论，我们才能在人生的博弈场上游刃有余，赢得更多的胜利与荣耀。

博弈之智，策略之选

博弈实则是人际交往中事件的理性凝练，是一场关于最优策略的探寻之旅。在这个过程中，每个人都在寻求着最合适的决策，以期达到最佳效果。那些能够游刃有余、屡出奇策的高手，往往都是深谙博弈论智慧的佼佼者。他们懂得如何观察形势、分析利弊，从而制定出最为精准的策略。博弈之道既在于智慧，也在于经验。只有不断磨砺自己的博弈技巧，才能在人生的舞台上，以最优策略赢得更多的胜利与尊重。

在哈佛的课堂上，老师们经常用一个有趣的例子来解释纳什均衡。想象一下，在一个小镇上，两家超市都想开分店。它们卖的商品都一样好，价格也一样便宜。那么,哪家超市能吸引更多的顾客呢?关键就看哪家超市的位置更好。

一开始,第一家超市选在了B点,第二家选在了C点,两家看起来平分秋色。但是,超市都想扩大自己的地盘,吸引更多的顾客。所以,第一家超市开始往A点靠近,第二家也不甘示弱,也往A点移动。最后,两家超市都挤到了A点附近,形成了纳什均衡。这时候,两家超市都不敢轻举妄动,因为谁动谁就可能失去顾客。

不过,如果超市的经营者更看重品牌形象,不想让人觉得他们只看重钱,那么他们可能会选择留在B点或C点,这样也能保持一种稳定的状态。但这种稳定并不是真正的纳什均衡。总之,纳什均衡就像是一种大家都满意的状态,谁也不想改变。

痛苦背后,博弈智慧的缺失

每当我们被痛苦困扰时,是否想过自己的智慧还够不够用?痛苦并不总是外界给的,很多时候,它可能源于我们缺乏足够的智慧去应对生活中的博弈。生活中的博弈不仅是竞争中的较量,更是我们面对困境时的思考与选择。当我们遭遇痛苦时,不妨静下心来问问自己,是否在处理问题时考虑得不够周全,是否忽略了某些重要的因素。通过自我反思,我们或许能找到痛苦的根源,并找到解决之道。拥有足够的智慧,我们才能更好地面对生活中的挑战,让痛苦成为我们前进路上的助力。

博弈要正确判断

> 博弈论又被称为"互动决策理论",它揭示了人们在决策过程中如何考虑他人的行为和反应,从而做出最优选择。这一理论强调决策者之间的互动与影响,是现代社会决策分析的重要工具,能够帮助我们更深入地理解并应对复杂多变的决策环境。

博弈论假定人人皆自私并理智,然而现实生活中的经济抉择并非全然理性。博弈论虽为有力的分析工具,却并非解决所有问题的万能钥匙。在应用时,需紧密结合实际情况,灵活调整策略,不断在实践中探索与完善。毕竟任何理论与方法都需要与时俱进,才能更好地指导我们的决策与行动。

利益作为博弈的基石,推动着各方在决策中权衡得失,寻求最优解。在错综复杂的互动中,利益驱动着人们展开策略较量,或合作,或竞争,共同塑造着博弈的格局和走向。

19世纪中叶,宾夕法尼亚州的石油热潮席卷而来,众多商人纷纷投身其中。然而，年轻的洛克菲勒却持不同的看法。他深入调查后，力劝同行避开原油投资，警示众人石油需求有限，市场将趋向饱和，油价必将暴跌。不出所料，油价果真大跌，众多投资者损失惨重。

然而，洛克菲勒独具慧眼，看到了逆境中的机遇。他毅然进军石油行业，与克拉克、安德鲁斯联手创办炼油厂。正是因为他懂得灵活应变，根据市场波动和对手策略调整经营方向，最终独自扩大生产规模，创立了标准石油公司。

在洛克菲勒的英明领导下，标准石油公司迅速壮大，占据了石油市场的主导地位。他也因此跻身于美国富豪之列，家族名声大噪。洛克菲勒的成功不仅源于他的商业头脑，更在于他善于运用博弈论来指导经营策略，成为商业界的佼佼者。

决策之道：博弈中的制胜秘诀

生活就像一场场策略对决，我们不断地在其中做出选择。每一次抉择，都是对未来的一次精心谋划。正确的决策并非偶然得之，而是博弈中的智慧体现。它需要我们敏锐洞察，了解对手，更要坚守本心，不为诱惑所动。在这场策略较量中，我们既是参赛者，也是策略师。通过深思熟虑和精准判断，我们力求每一次选择都能达到最佳效果。因为博弈的胜利，往往就隐藏在那些看似微小、实则关键的决策之中。

博弈胜负，心态定乾坤

博弈并不仅仅是一场场心智的较量，更是一种追求更好自我的过程。胜败往往不在于技巧的高低，而在于我们内心的坚定与从容。积极的心态如同明灯照亮前行的道路，让我们在复杂多变的局势中保持清醒的头脑，做出明智的选择。而消极的心态则可能让我们在关键时刻犹豫不决，错失良机。因此，要想在博弈中取得胜利，我们必须修炼内心，保持积极、冷静的心态。只有这样，我们才能在博弈的舞台上立于不败之地，创造属于自己的辉煌。

博弈：深度剖析的利器，而非成功捷径

博弈并不是让我们轻松抵达成功的捷径，而更像是一把帮助我们深度剖析问题的利器。它引导我们仔细审视每一个细节，理解各方的诉求与意图，从而做出更加明智的决策。在这个充满变化的世界里，通过精心的计算和巧妙的策划，我们可以更好地配置资源，提升成功的可能性。但请记住，博弈只是一种工具，真正的成功还需要我们结合实际，灵活应变，并不断创新。

第二章 博弈论经典策略

博弈论的前身是游戏理论,涉及多个方面,比如比赛的出招、人与人之间的交往等。它所研究的正是身在棋局中的人是怎么行动的,又是如何和对手过招的。人生就是一场又一场的博弈游戏,在和他人过招时,你要尽可能完善自己的招式,以应对有可能出现的各种难题。

零和博弈

> 零和博弈,又称零和游戏。博弈可以视为两人对弈,大部分情况下,参与其中的人总有赢的一方,也有输的一方。输的人扣一分,赢的人加一分,那么合起来得分便是0,这就是零和博弈的概念。一赢一输,总分还是零。

在博弈中,一方获利,另一方受损的博弈叫零和博弈。得失加起来为零,又称之为非合作博弈,这是一种双方利益极度对抗的博弈。如果双方都受损,这种博弈就叫负和博弈。如果双方都获益,这种博弈就叫正和博弈,这是大家喜闻乐见的场面。正和博弈与负和博弈统称为非零和博弈。

零和博弈在我们的生活中随处可见,当有人在享受胜利的荣耀时,就必定有人在承受失败的痛楚。大到国家,小到个人,都可以看到零和博弈的踪影。要想在竞争中获胜,就必须对零和博弈的规则了如指掌。

公元1068年，在宋神宗和王安石的推动下，"熙宁变法"开始了。虽然这项新法的初衷是使国家强大，却遭到了很多重量级人物的反对，比如《资治通鉴》的作者司马光和苏东坡、欧阳修等，最后导致变法以失败告终。起初，由于宋神宗站在王安石这一边，所以司马光不得不辞官修书。等到后来，宋神宗去世，朝政大权掌握在高太后手里，司马光才被重新召回来，并担任宰相一职。这时的司马光虽然已经人到暮年，身体也不好，却彻底地废除了新法。没过多久，王安石就因病离世了，司马光在这之后不久，也紧跟着去世了。这两人之间的斗争僵持了那么久，一会儿是东风压倒西风，一会儿是西风压倒东风，这就叫零和博弈。最后的结果就是一方的势力被另一方彻底消除。

灵活应对非合作性的对抗博弈

当出现零和博弈和负和博弈时，首先，我们要冷静下来，认真分析，找到科学的解决之道。其次，要大度一些，相互包容。事实上，只要我们用心去观察，就会发现很多事情都源于心胸太过狭窄。比如邻里之间、同事之间发生矛盾时，如果有一方能够大人有大量，对另一方多一些体贴和谅解，那么人与人之间也就不会有矛盾了。最后，对待他人要真诚，退一步海阔天空。人与人之间只要坦诚相待，原谅他人的小过错，很多事情都会从阴转晴。在博弈面前，须理性分析，不可因为一时之利而损害良好的人际关系。

双赢模式逐渐取代零和博弈

在零和博弈中,博弈双方的收益得失之和一直为零,双方不可能展开合作。其实,它的应用面很广,诸如一些有着明显胜负之争的竞争中都会运用到这种博弈。之后,因为生活中存在太多与之类似的场面,所以更多人开始注意到这种零和博弈。在这种博弈模式下,有人欢笑,有人流泪,即总会有一方获利,另一方受损。所以,人们开始寻找一种"双赢"的模式。在这种模式下,双方都可以在一定程度上获益,没有任何一方受损,这样的结果会令双方都感到满意。

零和博弈的普遍性

在激烈的竞争中,如果一方取得了利益,那么另一方往往会面临损失。这就像是一个天平,一方的上升必然导致另一方的下降。在这种情境下,各方获得的利益和遭受的损失加起来,整体看起来就像是"零",没有增加也没有减少。因此,大家可能会觉得,在这样的环境下,双方之间似乎没有合作的可能,因为合作可能意味着要放弃一些自己的利益去帮助对方。

宋太祖赵匡胤刚登基没多久,就有两个节度使公开反叛,赵匡胤好不容易才平息了叛乱。他问赵普有何对策,赵普说:"如今禁军大将王审琦和石守信两人手中掌握着太多兵权,还是防范一些为好。"赵匡胤不置可否,赵普说:"我所担心的并不是他们自己,而是他们手下的士兵会怂恿他们。"赵匡胤这才恍然大悟。之后,他设宴招待王审琦和石守信等几位开国功臣。在宴席上,他举杯对他们这些人表示感谢,可话锋一转,又说自己如今太难了。其他人听后忙追问为什么,赵匡胤说:"太多人觊觎我现在这个位置。"这些人赶紧跪地说:"臣誓死效忠皇上。"赵匡胤说他担心的是手下的人。这些人诚惶诚恐地问他应该怎么办,赵匡胤便借机让他们交出兵权,找一个地方去安度晚年。这些人听后连声答应了,并交出了兵权。就这样,赵匡胤在和将领们的博弈中取得了胜利,并掌握了实权。

用好双赢这种策略

现如今,人们已经不再只是追求个人利益的提升,而是开始尝试共赢的模式。这是一种值得提倡的策略,当自身在这种模式下获益时,也有益于他人。世间万物之间都是相辅相成的,彼此之间是共同进步的。当你因为个人能力的提升而让他人也能获益时,等到他人能力提升时也会对你起到促进作用。如果你始终将个人的利益放在首位,对他人利益不管不顾,那么双方就不可能达成合作。这就意味着,相互伤害,就可能面临共同失去的后果;反之,共同合作,才能让双方都获益。

斗鸡博弈

> 斗鸡博弈又称懦夫博弈。当两个人相遇时,如果一人选择主动出击,另一方选择退让,那么,主动的一方会获胜;如果双方都退让,那么就是平局;如果双方都选择主动出击,那么双方都讨不到好处。因此,只有双方都选择退让,才是最好的局面。

在这个竞争激烈的社会,斗鸡博弈随时都有可能出现。当双方僵持时,究竟该如何选择?事实上,哪一方主动出击,取决于双方的实力,而不是个人的主观意愿。当双方实力都不太了解时,就只能通过试探性的方式来明晰,可是此举要付出的代价相当大。

两虎相争,必有一伤。因此,当我们看清眼前的局势时,就可以做出清晰的判断。当两个强者发生矛盾时,斗鸡博弈会告诉我们如何抢占有利的位置,让自己的利益最大化、损失最小化。

春秋时期,有个训练斗鸡的人名叫纪渻子。当时的周宣王非常喜欢斗鸡,于是专门将他请来训练"鸡战士"。十天后,周宣王问他训练得如何了,他说还要继续训练,因为它看到别的鸡叫还会有冲动。又一个十天过去了,周宣王再一次问他,他说时机还不成熟,鸡的斗气还显而易见。又过了十天,周宣王不耐烦地问道:"这下总可以了吧?"纪渻子说:"可以了。"周宣王很高兴,便去看斗鸡的训练成果。结果那只鸡像木头一样纹丝不动,不管别的斗鸡如何挑衅,它都无动于衷。周宣王不明所以,不知道这样的斗鸡要如何战胜对手。可是当它进入斗鸡场时,却让其他对手闻风而逃。原来,纪渻子训练鸡要达到的境界,就是让它变得呆呆的,像一只木鸡一样,屏气凝神,在气势上震慑对方,不战而胜。

斗鸡博弈中的纳什均衡原理

在斗鸡博弈中,假如双方都主动出击,那么就等于在告诉对方,我已经准备发起致命一击了。其中涵盖两个策略型的纳什均衡原理。任何一方都可能选择主动出击,其背后的风险是未知的。不管什么博弈,假如只有一个纳什均衡点,那么博弈的结果就可以很轻松地猜出来。假如有多个纳什均衡点,想要预测博弈的结果,便要对其中的细节了如指掌。比如参与的双方,有选择主动出击的是一方,有选择主动后退的是一方,以这些信息为依据,才能更好地判断博弈结果。

斗鸡博弈中的试探

斗鸡博弈的基本准则就是先让对手对双方的力量进行错误的评估,进而判断错误的期望值，然后用实力战胜对方。可是在现实生活中，这样的精准判断并不能一开始就得出来，而要经过多次试探，有时甚至要经过激烈的打斗。因为在斗鸡博弈中，哪一方选择出击，取决于双方的实力。如果双方都不能精准预测对方的实力，就只能采取反复试探的方式。由于人是复杂的，所以在现实生活中，相比直接选择最优策略，人们更倾向于运用斗鸡博弈。

以退为进的策略

在平常与人打交道的过程中，将以退为进的策略更好地派上用场，可以推动我们的人生向更好的方向发展。承认一些小过错，反倒会让大家更尊重你。在商业领域的博弈中，采用以退为进的策略，所得到的回报可能是你意想不到的。将自己的位置放低一点儿，对于大局的把控更有利，对于长远发展也是有利的。当然，退只是权宜之计，终极目的是打败对方，这是具有大智慧的表现。等到时机到来时，就要主动反击。

春秋时期，郑国的子濯孺子奉命进攻卫国，却战败逃走了。卫国让庾公之斯乘胜追击，很快就追上了子濯孺子。子濯孺子并没有硬拼，而是选择了装病示弱。庾公子看到他这样，心想：毕竟师徒一场，便用无箭之弓象征性地射了几下就走了。

子濯孺子的这招"退让"，不仅保住了自己的性命，而且让庾公之斯赢得了好名声，两人都避免了更糟糕的结果。这就像我们常说的"退一步海阔天空"。

如今,不论是朋友之间、同事之间,还是国家与国家之间,都可能遇到类似的情况。特别是那些条件相近、争夺资源相似的人,更容易产生"斗鸡博弈"。但我们要知道,斗到最后往往两败俱伤。

所以,我们应该学会在博弈中找到平衡,找到既能保护自己又能顾及他人的方法。通过学习博弈论,我们可以更好地理解人与人之间的关系,找到更合理的解决之道。只有这样,我们的生活才会更加和谐美好。

博弈时要选择正确的做法

在博弈中,我们一定要牢记,不要做损人不利己的对抗。当我们身处斗鸡博弈中时,要先冷静评估双方的实力,如果没有十足的把握,不要轻易选择主动出击。如果因为一时意气用事,非要和对方争个输赢,最后只会"伤敌一千,自损八百",这是一种极其不明智的行为。到底是出击还是退让,取决于自身的实力以及当时的情况。做人要能屈能伸,做事也要曲径通幽。在坚持原则的前提下灵活变通,才能和不同的人友好相处。学会求同存异,不能因为自己的原则,而一味地要求对方臣服于自己。

智猪博弈

> 智猪博弈是由博弈论学者约翰·纳什于1950年提出的,指的是大猪小猪是否踩踏板博弈。这里的"智"是指假设大猪和小猪都是有认识和实现自身利益的"智猪"。

如果我们按下猪圈里的投食按钮,其对面的猪槽里就会出现10个单位的猪食。但是按这个按钮的代价是2个单位的猪食。如果大猪先抵达猪槽,则大猪和小猪的进食量之比为9∶1;如果两只猪一起来到猪槽,则它们的进食量之比为7∶3;如果小猪先抵达猪槽,则它们的进食量之比为6∶4。

假如小猪先等在猪槽边,大猪按下投食按钮,那么小猪可以得到4个单位的猪食,大猪也可以得到4个单位的食物;假如大猪先等在猪槽边,小猪不能得到猪食;如果两只猪一起抵达猪槽,那么小猪和大猪获得食物的比例为1∶5。如果按下开关的是小猪,那么小猪就只能得到一个单位的猪食。

从智猪博弈中我们了解到,如果你在博弈局中并不占优势,要学会等待,这是一种最优化的策略。其实博弈的双方都要让自己利益最大化,如果双方智力相当,那么他所选择的做法会不会和你一样呢?

两个人对战时，假如一个主动出击，一上来就使出全力，另一个则选择后退一步，那么，最后胜利的通常是蛰伏的那一方。刘备曾经为了保存实力，防止遭到曹操的陷害，就在后花园种菜，以迷惑曹操。这天，曹操请刘备入府。曹操对刘备说："在家做得大好事！"刘备当即吓得脸都白了。曹操又说，他想到之前望梅止渴的事，所以邀刘备一起喝酒。刘备听后这才放宽了心。喝到半酣时，突然雷电大作，曹操问刘备，谁才是当世英雄，刘备随口说了几人，都被曹操否定了。曹操此时就是想试探一下，刘备到底有没有称雄的野心。刘备灵机一动，赶紧钻到桌子底下，将刚刚不慎掉落的筷子捡起来，声称自己是害怕打雷，才会掉了筷子。刘备的话让曹操觉得他就是个胆小之人，从此不再怀疑他了。

"搭便车"现象

后发制人的策略不但可以让一个人所处的位置更加有利，而且可以起到迷惑对方的作用，让对方不知道你所要采取的策略是什么。在智猪博弈中，处于弱势的一方会将等待当作最佳的应对方案，其实这也是一种"搭便车"现象。可是在实际生活中，"搭便车"的现象却失之偏颇。抛开其他因素不谈，如果只是从技术的层面去分析"小猪"的等待方案，我们就会发现，在一个群体中，"小猪"不会成为竞争的参与方，它在搭便车时，社会资源配置并没有达到最优。如果"小猪"选择正确的策略，那么"大猪"的数量就会急剧下降。

论博弈的本质

优势策略均衡是智猪博弈的最后均衡解

不管大猪怎么选,小猪都应该选择等待。对于小猪来说,按按钮是一个劣势策略。我们首先要把这个选项剔除,到了新的博弈中,该大猪做选择,而等待是一个劣势策略,因此剔除这个策略。这时,就只能选择大猪按按钮,小猪等待这个策略了,这就是智猪博弈的优势策略均衡。在智猪博弈中,最优选择只有小猪,大猪并没有被选择的机会。可是,这种优势策略均衡的现象很难出现在实际生活中,只存在重复剔除的优势策略均衡。

小品牌借势大品牌销售

我们常常会有一种疑惑,为什么小品牌会和大品牌的同类产品放在一起销售?其实这只是因为商家在推出一种商品时,必定会对产品进行介绍和宣传。这样的宣传势必要付出不少的金钱代价,可是这样的代价是小品牌没法承受的。所以,小品牌就会借大品牌的便利,在大品牌大规模宣传完自己的产品,并占据相应的市场以后,小品牌就会趁机在市场上投放自己的产品,和大品牌的同类产品一起销售。显而易见,小品牌就是这场博弈中的"小猪",而具有规模效应的大品牌则是"大猪"。

比尔·盖茨曾受美国IT界鳌头IBM公司的委托，设计一款新的磁盘操作系统。比尔·盖茨深知，如果能搭上IBM这趟便车，让IBM做大猪，自己做小猪，那么微软公司就可以得到很好的发展。于是，比尔·盖茨所设计的MS-DOS的质量要稍高于其同类产品，还无偿帮助IBM编写以MS-DOS为基础的应用软件，并低价出售MS-DOS应用软件。由于比尔·盖茨的成功操作，IBM最终选择了微软的MS-DOS。微软公司的市场也从此被打开了，因为IBM开发的市场，可以同步共享给微软。微软根本无须费力去开拓市场，只需共享IBM的市场成果就好。哪怕微软要出让一定的利润，这也是最优解。假如微软没有采取低价策略，兴许可以一次性从IBM公司得到一大笔钱，可是后续的发展就很难说了。很可能勤劳了一辈子，最终让大猪受益了。

纳什均衡

> 在博弈分析中，有这样一个非常重要的概念，名叫纳什均衡，它是现代经济学家必须学会的一个词。纳什在自己名为《n人博弈中的均衡点》的论文中，证实了非合作博弈及其均衡解，并对均衡解的存在性进行了证实。

纳什在论文《n人博弈中的均衡点》中证实了均衡也存在于非合作多人博弈中，并告诉人们这种均衡如何解。"纳什均衡"的提出，让非合作博弈论的发展有了根基，之后博弈论就顺着这条线向前发展。在这之后的一段时间里，博弈论领域的主要成就都集中在阐述或延伸"纳什均衡"上。

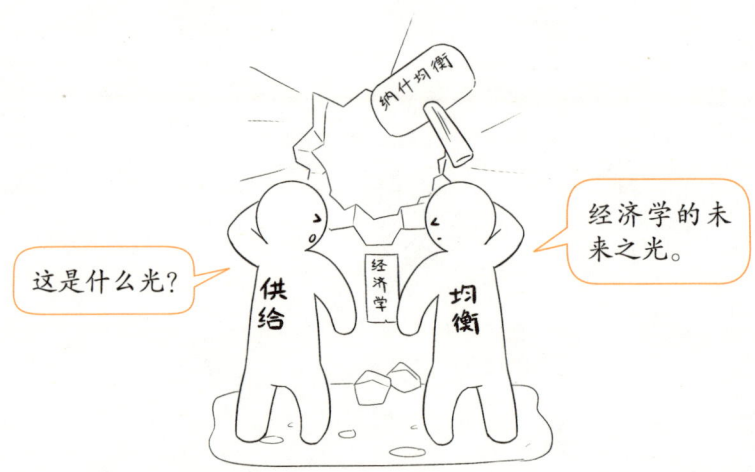

纳什均衡就是指在一场多人共同参与的博弈中，每个人都以他人的策略为依据，制定出对自己最有利的策略。在这个策略组合中，每个人都会坚持自己的策略，保证自己的收益。这时，所有参与者的策略达到的平衡就叫"纳什均衡"。

一天，杰克和吉姆分别带了3块饼和5块饼出游。这时，有个路人经过，和他们分饼吃。之后，路人留下8枚金币。吉姆认为自己应该得到5枚金币，而杰克应该得到3枚金币，可是杰克不同意，他觉得既然是大家共同分吃了这8块饼，那么双方分别得到4枚金币才是公平的。双方各执一词，后来找到公正的夏普里来断案。夏普里对杰克说："如果你非要一个公平的话，那么，你应该只得到一枚金币。"杰克一脸疑惑，夏普里说："在8块饼中，你吃了8/3块，路人吃了你带的饼中的3-8/3=1/3。吉姆也吃了8/3，路人吃了他带的饼中的5-8/3=7/3。如此算来，路人所吃的8/3块饼中，你带的饼中所占的份额是1/3块，吉姆所带的饼占了7/3块的份额，所以，你只能得到1枚金币。"杰克听后立即住嘴了。最后，两人达成一致，杰克最终分得3枚金币，双方的选择也和纳什均衡是相符的。

纳什均衡是一种确定性的博弈结果

在纳什均衡中，没有人会主动改变自身的策略。从通俗意义上说，纳什均衡就是指当你的策略确定下来时，我的策略就是最好的策略。同样的道理，当我的策略确定下来时，你的策略就是最好的策略。也就是说，当对方的策略确定下来时，另一方并不想改变自己的策略。这样看来，纳什均衡是一种确定性的博弈结果。人们常会用它来剖析商业竞争和贸易谈判中出现的种种现象，因此，它所取得的成绩也是有目共睹的。事实上，它的原理也很简单，每个人有机会理解。

论博弈的本质

纳什均衡是确定性的博弈结果

想成为一名现代经济学家，你不仅要学习供给和需求，还要学习纳什均衡。在经济学中，均衡是指有关变量都比较稳定。在供求关系中，人们可以以某一价格买到某一商品，也可以以这一价格将这一商品卖出。这时，我们就可以得出结论，该商品的供求是均衡的。纳什均衡就是一个确定性的博弈结果，也是一场游戏最后的结局。

在纳什均衡中保持优势策略均衡

通过纳什均衡我们知道，合作是对自己有好处的策略。首先，纳什均衡有一个前提条件，那就是用你乐意的方式来对别人，而他们也要和你一样行事才行。其次，纳什均衡是一种非合作博弈均衡，这是一种普遍存在于现实中的情况。纳什均衡很难保持优势策略均衡，因为它需要用心去剖析。不仅要留意博弈的另一方，还要留意周围大环境的变化。假如只是一次无关痛痒的对弈，输赢并不重要，可是有时候一次选择也许会影响到一个人的一生。所以，这时必须保持优势均衡。

齐国原本是周室分给有功之臣姜氏的封邑，后来，齐国发展壮大，成为春秋霸主。到了春秋末年，齐国势力渐衰。到了战国初期，七雄出现。齐国的大权落入卿大夫田氏手里。一开始，田氏和公室关系密切。由于时代的发展，公室走向衰败，田氏开始背离公室，和公室展开了民众争夺战。田氏曾向齐国旧势力发动了三次大规模的武装斗争。田桓子不仅讨好公族，还讨好国人，得到了所有人的支持。到了齐景公时，公室日渐腐败，而田桓子之子田乞则采取了像大斗借出、小斗回收这样的赢得民心的举措，于是，齐国的势力越来越强大。齐景公去世以后，田氏发动政变，将齐国政权掌握在自己手里。田氏补贴平民的做法，是在用自己家族积累的资本来获取政治资源，从而成为齐国真正意义上的国君。

博弈双方的纳什均衡

从纳什均衡中，我们可以了解到，对于个人而言，合作是最有利的方案。它很好地传承和发展了冯·诺依曼和摩根斯坦的合作博弈理论，几乎可以说是一场新的改革。纳什均衡的普适性意义让我们明白，在日常生活中，博弈现象随处可见。作为一个理智的人，比如日常生活中发生的争吵，不管是人们交往中发生的小事，还是国家与国家之间在领土上的纠纷，基本上都是博弈双方的纳什均衡。之所以会出现这种纷争，要么是一方觉得不公，要么是双方都觉得不公。

蜈蚣博弈

> 蜈蚣博弈是指参与博弈的A和B两人，要么选择合作，要么选择不合作，没有第三种选择。两人分别在有限的次数内做出选择，假设是100次，那么A和B会做出什么样的选择呢？由于这个博弈的形状和蜈蚣特别像，因此被人形象地称为蜈蚣博弈。

在蜈蚣博弈中，有一个特别之处，当A和B做出决策时，都会对这次决策的最后一次选择（假设是第100次选择）进行思考。B选择合作或不合作，他得到的收益分别是100、101。当然，B会选择不合作。可是前面还有99次选择，A又将如何决策呢？

如果A和B一开始就选择合作，那么其收益要远大于A一开始选择不合作的策略。可是，假如双方均采取合作策略，在这个过程中，也必定会出现变数，无法将合作坚持到最后。当倒推数发挥作用时，合作就无法进行下去了。

米亚是哈佛大学管理学院前院长，他的投资策略和其他投资者不同，他会错开股市的其他资产。这一策略最大的好处就是尽可能降低风险，在金融危机到来时就会彰显出其重要性。米亚对于外部专业人才的培养极其看重，为了让他和这些人才得到更丰厚的回报，他想让哈佛大学管理公司兼营其他大学的捐赠基金，这一提议遭到了经营公司委员会的强烈反对，而哈佛大学此举流失了大量人才。此外，米亚的高额年薪也让众人议论纷纷。显然，哈佛大学更关注自己的形象问题，米亚愤而提出了离职，还带走了30名精英员工。在哈佛和米亚的这场博弈中，米亚首先选择了不合作，因为此时对于他而言，不合作的收益要远大于继续留下来的收益。对于哈佛大学而言，学校的形象要远大于人才的流失，这是由它的目标导向决定的。

蜈蚣博弈的好处与局限性

蜈蚣博弈是一种从结果出发，进而选择最合适策略的博弈。它有助于明晰我们未来的人生规划，让我们走得更坚定。掌握了蜈蚣博弈的精髓以后，我们就会在人际交往的博弈中无往不胜；反之则会陷入迷茫。从现实层面来讲，倒推法的成立是有先决条件的，这也决定了它的预测能力只能在一定范围内成立。不是所有动态博弈都适合倒推法，但我们也不能因为倒推法的预测和现实有出入，就对它的可行性表示质疑。在动态博弈中，博弈人要总揽全局。

论博弈的本质

逆推归纳法并不是任何时候都有效

逆推归纳法会出现这样两种失效的情况：一是逆推结果和双方的最大利益不相符，二是博弈双方的信任度和默契度高。在员工和公司的蜈蚣博弈中，如果员工的待遇不能得到满足，员工就会背弃策略。或者当员工和公司之间缺乏信任时，他们也会背弃策略。要想让逆推归纳法有效，就必须给出一定的前提条件。人们所采取的行动和理论推测之间必然有矛盾，当博弈双方失去了信任，或者当任何一方选择背弃策略，却可以因此得到更多时，逆推归纳法就是有效可行的。

永远都要记得你的人生目标

倒推法的意义在于，你现在所采取的行动是围绕你的目标进行的，不会迷失方向。无论什么时候，我们都要牢记一件事情，那就是你的人生目标是什么。即便你忘记了其他所有事情，只要你还记得你的人生目标，你就可以骄傲地继续前行；反之，如果你将人生目标抛诸脑后，转而去完成其他事情，那么你的成绩就是零。这就相当于有人交给你一个任务，可是你在忙其他事情时忘记了任务，就相当于你什么也没做。

这一生，我们都在进行蜈蚣博弈。这就告诫我们凡事要想得长远一些，只有这样,你才会有更大的胜算。

一个苦恼的年轻人找到智者,希望他能给自己指点迷津,自己努力了很久,依然没什么成就。智者叫来三个弟子,让他们带着这个年轻人去山里打一捆柴回来。许久以后,他们回来了,只见年轻人扛着两捆柴,跟跟跄跄地走回来。两个弟子用扁担担着八捆柴,轻轻松松地回来。还有一个小弟子划着木筏回来了,上面还载着八捆柴。年轻人说自己已经很努力了,可依然只能扛两捆柴回来。其他两个弟子说他们轮换担柴,一点儿都不累。小弟子说自己力气不够,只能走水路回来。智者看向弟子们的眼光充满了赞赏,之后对年轻人说:"一个人要想成功,一定要做好选择。要记住,相比努力,选择更加重要。"

蜈蚣博弈的有利局面

在蜈蚣博弈中,如果博弈的双方一直保持信任的、理性的态度,那么双方很有可能选择合作策略。在实际生活中,假如博弈双方这样做了,通常会获得双赢的结果。这样的博弈是从结果去倒推一开始的选择。俗话说,有因必有果,因果是轮回的。蜈蚣博弈还会让我们以终为始,以结果为导向出发,去规划自己的行动,并最终实现自己的目标。假如你在做事的过程中忘记了自己的目标,你就要及时调整自己的方向,不要让努力的方向偏离了目标。

海盗分金

> 围棋是一种特别神奇的对弈形式，参与其中的人都要向前看，提前做出推测，预估对手会如何下棋，进而决定自己接下来的策略。其实，这个过程就是海盗分金博弈，它告诉我们可以用倒推法这一行之有效的方法来解决问题。

五个海盗要对掠到的一百枚金币进行分赃，他们准备通过抽签的方式提出各自的方案，然后共同表决。当某个方案获得半数以上的人同意时，该方案即获得通过，否则这个人将会被扔到海里喂鱼。在这个过程中，要想避免最惨烈的结局，每个人都要将他人的利益考虑在内，以小博大。

海盗分金的模式只存在于最完美的状态下，而在现实生活中，不同的人有不同的价值观，所以采取的做法也会不一样，有的人哪怕自己得不到，也不想让别人得到。

一个富商看中一个少妇，两人约好晚上见面。结果，到了晚上，当少妇如约等待富商时，却遇到了一个小偷。小偷以为他被人发现了，慌忙之下砍死了少妇,然后逃跑了。不一会儿,富商进来后看到少妇倒在血泊中,便尖叫着向外逃,这一幕正好被巡夜的士兵看到,富商被捉拿归案,并报告给当地官员刘崇龟。刘崇龟到案发现场察看,发现作案凶器是一把屠刀,于是召集所有屠夫到府中听令,让他们留下屠刀,第二日再来。当晚,刘崇龟命人将凶刀和现场的某把刀交换了。次日,屠夫们分别来领取自己的刀,只有一个屠夫找不到自己的刀。刘崇龟问他那把刀难道不是他的吗?那人指着那把凶刀说,那是王三狗的刀。之后,刘崇龟就命人到处贴告示,说富商已经认罪伏法。王三狗在外正准备潜逃,一听这个消息就回来了。谁知,王三狗刚进门就被士兵逮个正着。

海盗分金中的逆向思维

在海盗分金的博弈中,眼光一定要放长远一些。在逆向思维的过程中,确定一个目标是关键,然后从目标倒推过程,了解清楚一路上可能遇到的艰难险阻,进而想好应对之策。假如我们从第一步开始往后想,我们就会陷入这样的思维困局:如果我这样做了,接下来的人会怎么做?只有从最后的结果往前推,我们才能明白在最后一步中,什么样的策略是好的,什么样的策略是坏的。之后将最后一步的结果派上用场,做好倒数第二步的战略抉择,如此往复下去。

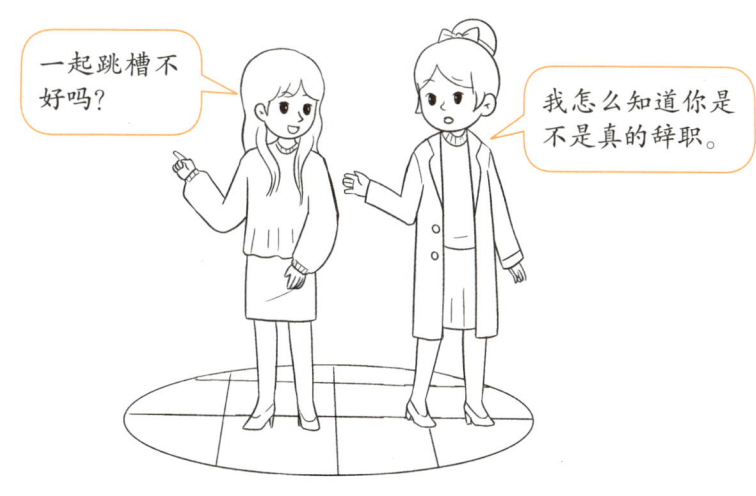

论博弈的本质

稳坐第一的位置

在一个群体中，权力最大、最难胜任的位置就是第一。要想把这个位置坐稳，你必须防范好第二，因为他是会对你的位置产生最直接威胁的人，也是仅有的一个会威胁到你位置的人。古代皇帝都是特别擅长权衡之术的人，他会将各大臣之间的权力平衡得非常好。之后，他便可以高居宝座，看各大阵营进行各种博弈。从中我们不难发现，将利益分配格局中失意的人拉到自己阵营里，就可以稳坐第一的位置。同样的道理，第二想要将第一取而代之，他也要积极争取这些人。

一号海盗和五号海盗的差别

在海盗分金中，假如一号提出的方案不符合大家的利益，那么这个方案就会遭到大家的反对，他们会要求对规则进行修改，之后重新制订分配方案。在多数交易中，先发优势和后发劣势都是存在的。由此看来，一号海盗被扔进海里的可能性很大，可是因为他手握先发优势，所以他不但不会被丢进海里，而且可以得到最大的收益。这也印证了在现代社会中，拥有先发优势的重要性。五号看上去安全系数最高，可是由于他没有自主权，只能依附他人，所以收益很低。

胡雪岩不仅是个擅长经商的人，还是经营人际关系的高手。当他开始创业时,首先就是成立阜康钱庄。在打开市场的过程中,他想到了一个吃明亏、暗得福的好计策。他令总管给自己开16个存折,在每个折子中存入20两银子。总管虽然不明所以,但还是按照要求去办了。后来,经胡雪岩点拨,他才明白这些折子都是给抚台和藩台的眷属们开的户头,还贴心地给他们垫付了底金,再将折子一个个送上门。这些太太小姐们收到折子后肯定很高兴,就会免费帮他宣传。这样一来,根本不愁那些达官贵人不知道他们的钱庄,他们钱庄的名声也就传扬出去了。果然没过几天,就有几个大户头到阜康钱庄来开户,惹得同行羡慕不已,但谁也不知道为什么。胡雪岩当得起晚清时代最知名的红顶商人的名号,这都要归因于他的眼光足够长远。

一号和二号之间的博弈

海盗分金的策略要想成立,就必须有一个理想化的前提,那就是参与人的能力都足够强、头脑要足够清醒。在现实生活中,当二号和后面的几位达成一致,那么一号就极易被丢到海里。同样的道理,一号要想让自己的方案获得半数以上的人同意,就必须付出更多金币,因为后面几位不可能会同意差距太大的分配方案。这时,海盗分金的博弈就在一号和二号之间展开。假如一号获胜,二号就极可能被丢到海里。如果二号获胜,一号就很有可能被丢到海里。

脏脸博弈

> 脏脸博弈就是共同知识在发挥作用。这一概念的提出者是美国逻辑学家克拉伦斯·埃文·刘易斯。对于一件事而言,假如这件事被所有参与者洞悉,而且所有参与其中的人都知道其他参与人对这一事件也是心知肚明的,那么这一事件就是共同知识。

在脏脸博弈的故事中,三人相聚,相互瞧着对方的脸,却不知自己的脸已被污染。他们嬉笑着,认为对方的脸是脏的。随后,他们中的每个人都忽然顿悟,意识到自己的脸也是脏的。这一事实就变成了共同认知。于是,他们通过全盘了解整个事实,从而意识到自己是脏脸。

共同知识这件武器有着巨大的杀伤力,它的威力有多大,可能很多时候是我们无法预料的。于是我们不知不觉走向合作,从而判断对方会采取什么样的策略,进而战胜对方。在这个过程中,比的就是谁掌握了更多的信息。

楚国公子元率军攻打郑国,而这时的郑国国力空虚,根本无力抵挡。上卿叔詹说:"此时我们不宜求和,也不宜与之拼死一搏,而是固守待援。郑国曾和齐国结盟,我们可以向齐国求救。"在叔詹的部署下,城内店铺正常经营,百姓正常生活,士兵则全部隐藏起来。他们打开城门、放下吊桥,恭迎楚军。楚军先锋部队抵达以后,害怕会中了敌人的埋伏,不敢随意进军,直到公子元到来。公子元发现城内几乎没什么防备力量,可又隐约看到有兵士在活动,不敢下达进攻的命令,命人先去打探虚实。齐国接到郑国的求救信以后,联合了鲁、宋两国发兵援郑。公子元听说以后,立刻命令部队撤退,他又担心郑国军队出城追击,于是连夜撤军,却没有拆除营寨、拔掉旗子,和郑国一样,采用了空城计。

洞悉对方的策略才会更有胜算

从脏脸博弈中,我们了解到,博弈者在开始行动之前,都对对方的策略了然于心。在开始正式博弈之前,大家私底下已经算计好几轮了。可是,如果你只是揣测对方的策略是不够的,因为对方其实也在这样做。每个人在博弈时都要既考虑到自己,又考虑到对方,那样才能找到最佳策略。所以,在双方展开博弈时,你所想的要比对方更全面,这样才更具有优势。在静态博弈中,我们要以完全洞悉对方的策略为前提,而不是只对对方的策略加以观察。

学会认识自我

了解别人很容易,认识自己却很难。当然,如果你能找到合适的镜子,认识自己也不难。就像你想要知道自己的脸脏不脏一样,只要找到镜子就可以了。每个人心中都有一面镜子,都有一个评判事物好坏的标准。从这面镜子中,我们可以分辨出好与坏。可是每面镜子又有自己的独特之处,就如同一件艺术品,在有的人眼里它价值连城,在有的人眼里它却是一大败笔。即便如此,我们也不能将别人的观点视若珍宝,并以此来评判自己。要知道,别人不是你的镜子,你自己才是。

选择合适的镜子

在现实生活中,我们很容易受到他人观点的影响,受到外界信息的干扰,并以此作为自己行动的参考,这就是心理学中所说的"巴纳姆效应"。一个人要想认识自己,假如只把目光聚焦在别人身上是根本做不到的。只有从镜子里看,我们才知道自己的脸脏不脏。女孩子不管到哪里,随身都会携带一面镜子。同时,她们还清楚这样一个事实,必须选择一面合适的镜子,有的镜子是无法照出真实的自己的,比如买衣服时你所看到的镜子。不要进行自我欺骗,更不要被不合适的镜子所蒙蔽。

爱因斯坦的父亲给他讲过这样一个故事。有一天,父亲和邻居杰克大叔一起去清扫街边的一个大烟囱,杰克大叔走在前面,父亲走在后面。他们沿着烟囱里面的梯子一阶一阶地爬了上去。清洗完后,他们又一阶一阶地爬下来。等他们钻出烟囱时,父亲发现杰克大叔全身上下都是黑的,自己身上却非常干净。父亲看到杰克大叔的样子,心想:自己是不是也和他一样,于是他跑到附近的小河边洗了很久。杰克大叔看到父亲身上干干净净的,便误以为自己也很干净,便匆匆洗了个手就出去了。谁知,他刚一到街上,就被街上的人笑话了,人家还以为他精神有问题呢!

爱因斯坦的父亲通过这个故事告诉他,不要把别人当作你的镜子,你的镜子只有你自己。假如你把别人当作镜子,可能再笨的人都会发现自己很聪明。

别人不是你的镜子

一个人要想认识自我,就必须不断地思考自己和周围环境以及他人之间的关系。我们不能照搬他人的经验,每个人所处的环境不一样,我们要根据具体情况来选择,伺机而动。我们可以听取他人的意见,却不要盲目跟从。对于那些成功的经验,我们可以参考、可以借鉴,但不能照抄。我们要结合自身的情况进行修改,让它变成自己的东西。俗话说千人千面,对于同样一件事,每个人的观点都会不一样。因此,不要让别人当你的镜子。

猎鹿博弈

> 猎鹿博弈又有安全博弈、协调博弈、猎鹿模型之称。一个村庄里有鹿和兔子两种猎物。如果两个猎人分别行动，分别可抓到四只兔子，足够每人吃四天；如果两人合作，可以抓到一只鹿，足够每人吃十天。因此，这里就会出现两个纳什均衡点。

如果两个猎人展开合作，那么他们的收益要比分别行动的收益大得多。可是这时，两个猎人在合作时，就要具备相同的能力，付出同等的精力。因此，要想合作，博弈的双方都要主动和对手建立良好的关系。在确保自身利益不受损的同时，让他人也受益。

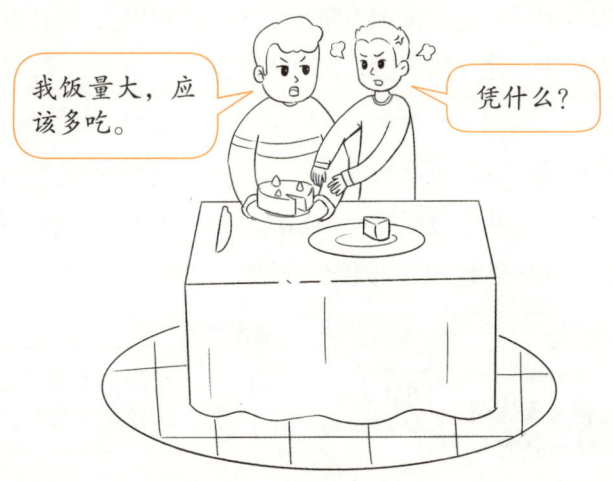

在竞争如此激烈的时代，生存变得愈发艰难，这就要求我们要多与他人展开合作。那些能将合作法则运用得越好的人，越能够长久地生存下去。这一法则在各个领域都适用，包括在丛林中。

越国人甲父史擅长用计，可是做事犹豫不决，公石师则恰好与之相反，他做事干脆利落，没什么心机。这两人在一起共事，通常干什么成什么。后来，因为一点儿小事，两人闹了矛盾，从此分道扬镳。自那以后，两人就一直受挫。密须奋为此感到很痛心，他劝二人说："你们知道海里的水母吗？它是没有眼睛的，虾就是它的眼睛，水母则将自己的食物分享给虾，这二者其实就是共生的关系。西域有一种二头鸟，它们共用一个身子，可是相互嫉妒。其中一个鸟头会往另一个鸟头里塞毒草，当另一个鸟头死去时，剩下那个鸟头也活不了。没有人可以从分裂中获益。其实你们两人就像二头鸟一样，虽然你们不在形体上共生，可是你们在事业上是共生的。既然你们分开后总是受挫，为什么不和好呢？"听了密须奋的劝告，双方重归于好，事业又开始走上坡路。

合作才能共赢

从博弈中的猎鹿模型中我们知道，一个人的力量是有限的，只有和他人展开合作，才能得到最大利益。在这个合作共赢的时代，当你尝试着和他人展开合作时，也许一直困扰你的问题就迎刃而解了。其实，人人都知道，合作所得到的收益要远大于个人奋斗所得到的收益，可是因为后期的分配问题，合作往往难以达成。这时，我们就要说服自己，暂时抛开分配不均的问题，先让利益最大化。就像在猎鹿博弈中，我们要相信合作的力量，只有合作，才能给我们带来最大的收益。

合作就是力量

当你和强者建立合作关系时,一切都会变得不一样。在博弈论中,强强联合大多出于战略方面的考虑,也就是在大家的共同努力下才能达成,最终实现正和博弈。鸟类在迁徙时,通常会成群结队地飞行。当他们排成"V"字形队伍向前飞时,整个鸟群的飞升能力要远大于单只鸟的飞升能力。因为它们有着相同的目标,所以它们可以携手共进,共同抵达目的地。可是,人类总是因为自身意志而难以和他人精诚合作,从而导致大家的结局都不太好。

没有人可以离开合作

在现实生活中,每个人都要学会和他人合作。比如在公司的人际博弈中,当大家都具有团队合作意识时,那么公司的发展就会越来越好,从而带动个人收入和发展空间的提升。在人际博弈中,无论你是什么身份,科学家也好、商人也好、普通职员也好,你都需要和他人展开合作。你的吃、穿、住、用、行需要通过他人获取,你的工作需要和同事们合作才能完成。如果你是个设计服装的人,你需要从面料商那里获取面料方面的信息、需要裁缝让你的设计变成现实,这些都是合作。

第三章

博弈论经典策略二

　　博弈论作为20世纪社会科学领域的一项重大突破，展现了全新的分析框架和独特的思维范式。保罗·萨缪尔森曾说："想要在现代社会中完美生存，对博弈论的基本理解就不可或缺。"在现代复杂的社会之中，我们必须深入地了解人性的本质，运用博弈的智慧，保持理性与果敢，成就自己的人生。

信息博弈

> 在博弈论中,信息占据重要的地位。如果谁掌握了信息,谁就能占领制高点。然而,每个人都可能面临"信息差"的困境。我们要如何打破这种局面呢?这就要求人们在日常生活中擅长捕捉信息,认真把握好你拥有的资源。

在信息共享的时代,人们总是能够掌握一些普通信息。要想在博弈中胜出,只掌握普通信息是远远不够的,人们必须掌握少数人知晓的信息。如果双方信息掌握的程度不能够对接,那么就会给双方的交易造成风险。在这个过程中,人们也必须时刻注意信息传递的准确度。

认真观察生活中的每一处细节,洞察事物的变化,是助力我们取得成功的重要力量。然而在这个过程中,我们一定要注意区分真假信息,要学会从模棱两可的内容中分辨出真正有用的信息。

公元前341年,魏赵联军进攻韩国,韩国求助于齐国。齐王派遣田忌率军前去支援,迅速推进至大梁。得知此消息后,魏将庞涓撤军回魏,而齐军已越境向西推进。齐军师孙膑对田忌说:"善战者,应顺其势而导之。兵法云:'急行百里争利者,上将军有可能受损;急行五十里争利者,半数士兵可能掉队。'我们可以以灶台数量的改变去迷惑魏军。"庞涓见此情形,大喜道:"齐军果然胆小,三日已有大半逃散!"于是,他下令连夜追击齐军。孙膑预计其当晚至马陵,就利用地形设下埋伏。他命人削去树皮,露出白木,书写"庞涓死于此树之下",并埋伏万名射手。庞涓果然中计,点火看字时被齐军万箭射死。这个故事告诉我们,要善于分辨各种信息,不要盲目相信自己得到的消息。

信息决定胜算

信息的获取是决策制定的基石,这个道理在生活和工作的方方面面都能体现。《孙子兵法》中写道:"知己知彼,百战不殆。"在战争方面说明了信息收集的重要性。在日常生活中,这个法则也同样适用。在人和人交往的过程中,你掌握信息后就可以投其所好;在猜拳中,你了解这个人,你就能增加胜利的机会。信息是你取得成功的关键,每个人都应该去广泛地收集信息,利用好你掌握的每一条信息,让它在你成功的道路上发挥出最大的作用。

论博弈的本质

信息准确,成功翻倍

信息的快速传递对于获取成功具有至关重要的意义,而传递错误信息则可能导致严重的后果。事实上,这一观点早在两千年前就已由古人提出并警示我们。《吕氏春秋》中有篇文章这样写道:"传言必须仔细斟酌真假。"有些东西经过口口相传,黑白颠倒,是非不分,对错不管,所以才会有狗像玃、玃像猕猴、猕猴像人,结果得出狗像人之类的荒谬言论。君王也要分辨信息的真假,如果分辨清楚,就会利于国家;如果一味盲从,就会断送国家。

掌握传递技巧,传播正确信息

如何明辨我们身边各种各样的言语呢?我们只能把握事物发展的规律和人的本性,去分辨所听的传言。除此以外,每个人都要注意传话的准确性。曾经有这样一个游戏:大家在一起聊天传话,每个人对下一个人传递上一个人说的话,但其他人都不能偷听。在经过一轮的传话后,大家惊奇地发现最后传的话和第一个人说的话完全不一样。这个故事启示管理者要注意提高话语的传递准确性。只有管理层做好了上传下达,工作才能顺利进行下去。

尼桑是犹太巨富罗斯柴尔德的第三个儿子,1815年6月20日,他凭借自己的情报网,在数小时内通过买卖英国公债赚取了数百万英镑。当天,伦敦证券交易所紧张异常,因为滑铁卢战役的结果将决定英国公债的命运。尼桑在关键时刻开始卖出英国公债,随后公债价格暴跌,他又大量买进。最终,英军大胜的消息传来,公债价格暴涨,尼桑因此大发横财。大家都在想尼桑为什么能赚取这些钱呢?尼桑之所以敢于如此大胆操作,是因为他拥有自己的情报网,能够提前获取战况信息。罗斯柴尔德家族重视信息的收集,建立了横跨整个欧洲的专用情报网,因此被称为"无所不知的罗斯柴尔德"。正是这个情报网发挥了作用,才能让尼桑比英国政府抢先一步得知滑铁卢战场的情况。

抢先得知信息,占据有利位置

尼桑赚取巨额财富的故事启示我们:信息蕴藏着巨大的价值。它告诉我们要注意提前挖掘信息,在这个时间差中占据有利位置,从而赚取财富。《羊皮卷》中曾写过这样一句话:"即使是风吹过,你也要去思考它的味道。"这句话形象地告诫人们,在这个日新月异的时代,不要忽略你看见的任何信息。有可能就是那条毫不起眼的消息,反而成了制胜的关键。在信息的博弈中,人们要注意收集和分析信息。只有这样,才有可能增加普通人获胜的可能性。

信息不对称

> 在博弈论中，存在信息不对称的现象。信息不对称就是指双方信息不对接，一方知晓的信息，另一方却没有得知。信息不对称，会给双方达成一致意见造成极大的困扰。因此我们想要把握机会，就要最大限度地挖掘信息，了解对方。

在现代社会中，掌握全面的信息有利于我们在人际关系的博弈中取得胜利。哈佛大学早就看出信息对人际关系的重要性。为了在博弈中占据优势地位，哈佛大学每年投入大量资金在信息收集方面。深入了解哈佛人以及他们的博弈故事，你就会知道信息投资的重要性。

信息不对称严重影响双方达成一致的选择。双方只有合作，达成一致意见，打破信息不对称的壁垒，才能实现合作共赢。如果双方做出不利于对方的决定，只能陷入两败俱伤的局面。

《三国演义》中"空城计"的故事大家耳熟能详。由于马谡的骄傲自满和策略错误,使得街亭失守。司马懿占领街亭后,立马率领大军赶往阳平城。司马懿大军到达后,双方兵力悬殊。司马懿拥有十五万大军,而诸葛亮此时只有五千士兵。雪上加霜的是,这些士兵中的一半被诸葛亮派去押送粮草了。两军交战,结果毫无悬念。在这危急时刻,诸葛亮心生一计:他直接命令士兵打开城门迎接司马懿,而自己就在城门前淡定地焚香弹琴。司马懿生性多疑,他见诸葛亮如此淡定,料想诸葛亮肯定留有后手,就退兵了。诸葛亮也凭借空城计成功逃过一劫。在诸葛亮与司马懿的博弈中,诸葛亮正是因为知道司马懿生性多疑的特点,从而利用他这个弱点去打败他,为自己赢得一条生路。

掌握全面信息,警惕逆向选择

博弈模型中总会有一个默认的前提,那就是信息公开。但我们知道,在实际生活中,信息公开是不可能的,竞争的双方不可能得知对手的全部消息。在双方消息不对接的情况中,对于一方的消息而另一方不知道的情况,博弈学中将它称为信息不对称。信息不对称存在于生活和工作的各个方面。比如,在市场经济中,卖方并未将商品的消息全盘托出,故意隐藏某些关键信息,从而使得买方最后的选择有利于卖方,这种选择也被称为逆向选择。

论博弈的本质

利用信息力量，取得博弈优势

研究博弈论的人认为，无论是人与人之间的交往还是个人与集体、集体与集体之间的交往，掌握全面信息的人总能占据优势地位。吉姆·罗杰斯是一位被众人推崇和赞扬的市场投资人，他曾在一封信中写道："人如何才能获得财富呢？我想，办法无非只有一个。那就是选择自己喜欢的路，去深入学习它、了解它，而不是随着大众的选择而改变自己的选择。"用博弈论的观点来看，就是让人们深入掌握信息，不要停留于表象，这样才能取得成功。

掌握市场信息，获取市场效益

传统经济学一般会假设经济人掌握着市场的全部信息。但在实际生活中，大家都知道这是不可能实现的。在多数情况中，经济人处于信息不对称的局面。经过研究表明，在市场经济中，卖方一般掌握着更多的信息，占据着有利地位。正是由于这种信息不对称现象的存在，卖方才利用虚假信息在市场经济中获益。为了减少这种现象的发生，让买卖双方都相对获益，政府应在市场经济中发挥自己的作用，将有效市场和有为政府相结合，从而促进市场经济平稳健康的发展。

从前有个古董商人喜欢去偏远地区搜集宝物。他想利用偏远地区的人们不认识宝物价值这一缺点去赚取钱财。有一次，这个古董商人无意中路过一个村庄。在这里，他发现有一个农户家中的猫碗是价值连城的宝物。商人想要买下这只碗，又担心农户不卖给他。于是，他假装向农户买猫，从而间接买下猫碗。商人对农户说："我十分喜欢这只猫，你把它卖给我吧，我愿意出高价。"在古董商人的苦苦哀求下，农户把猫卖给了商人。这时，商人假装说："这猫碗猫已经用习惯了，你顺便送给我吧！"接下来农户的话让商人大吃一惊："这可不行，我就是靠猫碗才卖出那么多只猫的！"从这个信息不对称的例子中，我们能够得知：只有真正掌握信息的人，才能获得利润。

改变信息劣势，做出正确的决策

信息不对称的困境难以避免，为了减少其劣势，博弈参与者应尽可能多地掌握相关信息，建立信息库。人类的知识、经验等都是宝贵的信息，信息越多，决策越准确。哈佛大学经济学博士迈克·斯宾塞说，恰当的信息传递能改变信息劣势，但需注意信息传递要成本，无成本的信息传递往往无效。例如，商学院降低MBA招生标准以获利，但学位未得到用人单位的认可，即无效信息传递。此外，不同传递人产生的信息传递成本不同，高能力者传递信息的成本低于低能力者。

囚徒困境

> 囚徒困境是由弗勒德和德雷希尔提出的,后被塔克以"囚徒"命名。简言之,两个共谋入狱后不交流,若互不揭发则各判1年,一方揭发则可能获轻判,而另一方判10年;若互相揭发则各判8年,而这个理论与非合作博弈理论有相似点。

博弈论中常用囚徒困境来说明问题,它是指一个人出于自身利益的考虑,做出不利于集体的决定。这种现象存在于我们的生活之中。它普遍存在的原因,无非是因为人们几乎把自己的利益放在首位。正是由于人这种自私性的存在,才使得生活中处处都是囚徒困境。

囚徒困境这个经典的理论告诉我们:在双方合作的时候,每一方都应该做出适当的让步,从而达成共识,而不是只在乎个人的利益,要在解决好利益问题的基础上获得合作共赢的效果。

公元前207年,刘邦积极筹备军事行动。陈平作为魏将军的故友,向刘邦提出了针对楚国的军事策略,后来这个策略得到了刘邦的认可。

然而，部分将领对陈平的能力与品行表示质疑。刘邦在听取魏无知的意见后，选择信任陈平，并给予他重要的职位。

陈平担任都尉后，积极筹备军事行动，但因要求严格而引发部分将领的不满。有人指责其品行问题，但是刘邦看重陈平的才能。经过深思熟虑后，刘邦决定提拔陈平为护军中尉，去平定军中诸将对陈平的不满情绪。

陈平在辅助刘邦的过程中，多次提出关键策略，为刘邦的统一大业立下赫赫战功。

这个故事凸显了刘邦和陈平之间基于信任的合作关系，这类似于囚徒困境中的策略选择。刘邦在听取魏无知的建议后，明智地选择了信任陈平，而陈平也以他的智谋和忠诚回报了这份信任。这种合作方式打破了囚徒困境，实现了共赢。

平衡利益与道德

对于领导者来说，要摆脱囚徒困境，关键在于信任下属。只有如此，才能让下属真正发挥他们的聪明才智，而领导者也才能从下属身上获得预期的工作成果。

因此，领导者在做决策时，需要明智地权衡利益与道德，以确保组织的长远发展。

利益改变"囚徒困境"的结果

囚徒困境的结果取决于其发生的次数。在重复进行的囚徒困境中,参与者可以通过"惩罚"不合作的前者来推动合作。在这种情况下,参与者更可能选择合作,放弃欺骗,最终从猜忌转变为信任。然而,在囚徒困境中,即使合作为所有人带来利益,但当合作意图不明显或无法确认时,出卖同伴以最大化自身利益仍是一种可能。

运用囚徒困境,达成最终目的

囚徒困境是一种博弈模型,其中每方只选择对自己最有利的策略,而不顾及其他对手和社会效益。这个模型展现了一个道理:只有双方达成一致时,才能使得双方利益最大化。这个模型反映了现实生活中的一些问题,但现实远比模型复杂。尽管模型中每种选择的后果都可知,但现实中干扰因素太多,很难预测结果。然而,这也为人们创造了条件,可以设计出困住对手的囚徒困境,让对手陷入被动。历史上也有类似的策略运用,比如伍子胥的故事。

年少的伍子胥才华横溢,文武双全。然而,命运的捉弄使他的家族陷入了太子叛乱的风波中,父亲和兄长因此遭遇不幸。为了活命,伍子胥孤身逃离楚国。在逃亡的过程中,他遭遇了边境斥候的抓捕。

面对斥候的威胁,伍子胥并没有屈服,而是运用自己的聪明才智迅速冷静下来。他编造关于祖传宝珠的谎言,声称楚王追杀他是因为这颗丢失的宝珠,而非家族叛乱。斥候被伍子胥的言辞所迷惑,担心自己会卷入其中并遭遇不测,于是释放了他。

就这样,伍子胥巧妙地化被动为主动,成功逃离了险境。他凭借自己的智慧和勇气,在困境中找到了生路,继续踏上了流亡之路。这个故事展现了伍子胥在逆境中的坚韧和智谋,他能够灵活运用策略,将劣势转为优势,最终扭转被动的局面。

利用潜在意识,破除艰难困境

当人们做事面临风险时,往往会选择"宁可信其有"来避免潜在麻烦。伍子胥巧妙地利用了这一心理,编造谎言欺骗斥候,从而摆脱困境。这反映了一种策略:将个人困境转化为对方的问题,变劣势为优势、变被动为主动。在囚徒困境中,隔离审讯就是为了防止双方合作,避免因合作而打破困境。生活中,我们常遇到类似的选择,而合作是最佳出路。

重复博弈

> 重复博弈是指每个参加赛局的人要无限次地重复同样的赛局结构,因而也被称为阶段博弈。简单来说,在重复博弈中的每个人采取行为的可能性是难以被人们预测的。同时,人们的行为也可以被后面的参与者观看和借鉴。

"动态博弈"中包含着重复博弈。它主要有两方面的内容:一方面是掌握全部信息的博弈,另一方面是掌握部分信息的博弈。由于重复的次数不同,它的结果也会随之改变。当进行重复博弈时,参与者应考虑全方位的影响因素,不可以只看自己的利益得失,要兼顾多方利益。

重复博弈是一种动态的、阶段性的博弈行为。它的每次博弈被称为"阶段博弈"。重复博弈的过程深刻地影响人们的预期收益和预期风险,决定着每一个人未来的个人规划和行为策略。

富翁儿子被朋友欺骗,因此懊恼不已。富翁安慰儿子,指出人都有自己的道德底线。当诱惑突破这个底线时，对方会颠覆传统的道德标准。儿子不明白，富翁就做了一个试验。

他们找到商人甲、乙、丙，分别赊销一万元货物。一个月后，丙最先还款并要求进货，甲、乙随后也还款并要求进货。于是富翁给他们更多货物。

然而，再过一个月，甲偷偷逃跑了。富翁继续给乙、丙更多货物。又一个月后，乙未还款，店铺同样人去楼空。最后，丙也未能按时还款，店铺也空无一人。

儿子感到困惑，认为丙有原则。富翁解释，每个人都有自己的道德底线，可以用数字衡量。甲、乙、丙的道德底线分别为三万元、五万元和三十万元。最后，富商告诉儿子不用担心，除了道德，还有法律可以制裁他们。

洞察事物变化，采用合理策略

富商的实验告诉我们，人们的道德底线存在个体差异。除此以外，人的道德底线往往经不起考验，为了不损害人们的利益，法律也就随之产生了。在这个故事中，富商采用的策略就是重复博弈。这种博弈策略不仅具有普遍性，也具有独特性。在重复博弈中，博弈者必须根据实际情况决定自己的策略。同时，博弈者也不能割裂每个阶段的博弈。所以，从某种意义上说，重复博弈是一种双赢的局面，大家都能从这种情况中获利。

论博弈 的本质

以他人策略定自己策略

在任何博弈中，决策人做出的最佳策略往往取决于对方的策略，特别是合作的可能性，这个策略还受双方未来关系走向的影响。如果你认为将来与对方相遇的机会很小，或者不关心未来利益，则可以选择适度背叛；否则，最好选择与对方合作。重复博弈更能反映日常人际关系，合作契约的长期性能够纠正短期行为。在一次性博弈的时候，人们倾向于欺骗、背叛；在重复博弈时，人们才会恪守诚信。因此，平时讲信用、不骗人只是重复博弈中的一种策略手段。

诚信中蕴含的博弈智慧

博弈是双方智慧和策略的竞争。在健全的经济制度下，重复博弈会促使人们相互信任。以甲出售产品给乙或甲借钱给乙为例，初始时双方都有信任与不信任的选择。若博弈一次，乙倾向于不还钱，甲则不信任乙，导致交易困难重重。多次博弈下，甲可采取先信任后观察的策略，乙若守信则长期受益，不守信则仅得到短暂利益。因此，守信成为乙的明智选择，双方达到均衡。因此，诚信的人往往可以理解长远利益的重要性，对善有善报有深刻的认识和理解。

北宋时期，狄青将军奉命南征。当时朝廷中妥协派势力强大，还散播战败谣言。军中官兵迷信，听后军心涣散。狄青虽多次强调不要迷信，但收效甚微。大军在桂林遇大雨，谣言更盛，称天降凶雨，意在回师。

黄昏时刻，狄青和偏将们在雨中巡查时偶遇古庙。得知神佛灵验，狄青心生一计。次日清晨，狄青全副武装，率将士入庙拜佛。供香跪拜后，他宣布占卜南征吉凶，用百枚红黑铜钱。祈祷后掷出，铜钱竟红面全部朝上，士气瞬间高涨。狄青下令不得动铜钱，暗示心腹将士钉牢。他宣称是天意助他们，胜利后再谢神取钱。宋军士气高昂地出征了，最终大胜。回朝后，狄青到古庙还愿。拔钉取钱时，偏将发现铜钱两面都红。狄青这才揭晓真相，铜钱本就是两面都红，借此激发将士的斗志。

酒吧博弈

> 酒吧问题是阿瑟教授于1994年提出的动态群体博弈问题。他假设小镇上只有一间酒吧,酒吧在六十人时顾客体验最佳。顾客只能根据上一次去酒吧的人数来决定自己这次要不要去。这就促使人们思考:到底要不要去酒吧?

切斯特·艾伦·阿瑟提出:假设人是理性的,酒吧顾客人数将保持稳定。但是人并非绝对理性,所以酒吧人数会受上次人数的影响,形成持续性波动。然而,他观察发现,酒吧人多拥挤便会流失客源,人少后顾客将呼朋引伴,由此形成循环,这就导致去和不去酒吧的人数之比始终接近60∶40。

这就是著名的酒吧博弈,它告诉我们,想要成功应逆众而行,如股票买卖、交通拥堵皆基于此理。其反映如下社会现象:人们常猜测他人动向来决定自己的行为,但因无他人信息故而只能借过去的情况推测。

19世纪中叶，美国加州掀起了一股淘金热潮，无数人赶赴加州，包括17岁的亚默尔。然而，随着淘金者的不断增加，金子变得越来越难以寻找。更为糟糕的是，当地气候干燥，极度缺水，许多淘金者甚至因缺水而丧命。在这样的环境下，亚默尔突然产生了一个大胆的想法：既然淘不到金子，为什么不尝试卖水呢？于是，他放弃了挖金矿，顶着周围人的不解和胸无大志的评价，亚默尔开始挖水渠。他从远处引来河水，用细砂过滤后卖给需要水的淘金者。结果，众多淘金者空手而归，而亚默尔却迅速积累了数千美元，这在当时堪称"巨款"。亚默尔的成功并非偶然，他在无意中运用了酒吧博弈策略，通过做出与众不同的选择，实现了自己的目标。

避开从重，与众不同

在社会中，成功的机会与资源一向稀缺，无数人争夺有限资源，此时若盲目从众，必将自陷困境。唯有避开从众，选择独特的道路，做到与众不同，方能找到生机，改变命运。当人们在红海中激烈竞争时，拥有酒吧博弈智慧的人却总能洞察被忽视的细节并加以利用。他们总能独辟蹊径，自己创造新的赛道，并充分利用竞争少、阻力小的机会，先人一步迈向成功。运用酒吧博弈理论，投身蓝海赛道，是应对全球化浪潮的明智之举。

论博弈的本质

酒吧博弈的核心思想

"若世人均同向而行,世界必将走向毁灭",这句话道出了酒吧博弈蕴含的智慧。酒吧博弈理论教给我们行事取胜之道,即洞悉他人选择后的反其道而行之。从心理学角度来看,最初到酒吧的那一批人或许互不相识,但他们会因为频繁相遇而渐成知己,进而形成大群体。大群体中又必然会分化出小团体,每个小团体中都有主导者和服从者,这意味着每个个体的决策都无法避免地会受到他人的影响。如何规避他人的影响,是一个值得思考的问题。

破局的关键

世界纷繁复杂,万事万物相互交织,常使人迷失方向。为了规避风险,人们常常选择跟风,只走他人走过的安全之路。但是,只有敢于走与众不同的路的人,才能打造优势,从激烈的竞争中脱颖而出。然而,路线的选择并非易事,人们往往依赖于经验和知识,却常常反被误导。破局的关键就是了解别人的选择,从而反其道而行之。不过,我们都面临着相同的难题——无法真正了解他人未来的动向,只能依赖历史数据去预测,所以总是难以避免地走向从众的老路。

要想摆脱企业危机、把握商机，使企业屹立不倒，就必须突破传统观念和规则的束缚，以全新的思维方式去化解竞争对手的攻击，从而实现破局。

丰田公司曾敏锐地洞察到，许多人因奔驰车的高价而望而却步。于是，他们开发了凌志汽车，并将二者进行对比，突出其价格和稳定性的优势，成功挑战了奔驰车的市场地位。面对竞争对手带来的压力，奔驰公司并未选择降价，开启低价竞争，而是反其道而行之——提高奔驰车的价格，并且为车主配备更优质的服务。他们深知，降价虽能短暂吸引消费者，但会损害品牌忠诚度及高端定位，提高价格和服务品质则能稳固奔驰的高端形象和市场份额。奔驰公司以这种超常思维和手段化被动为主动，成功抵御了来自丰田公司的挑战。

酒吧博弈模型的目的

酒吧博弈模型并非旨在否定归纳或演绎推理的价值，而是强调在混乱的群体博弈中，要重视少数派策略选择。正如列宁所言，真理往往掌握在少数人手中。心理学家威廉·詹姆士曾经说过，行动塑造习惯，习惯形成性格，性格决定命运。想要创造美好的未来，就要从日常的好习惯开始，不断挖掘自身潜能，发挥创造性思维。常规行事固然稳妥，但遇新情况时需主动求变、转变思维、打破陈规、创新路径等，如此方能于绝境中开出希望的花、结出成功的果。

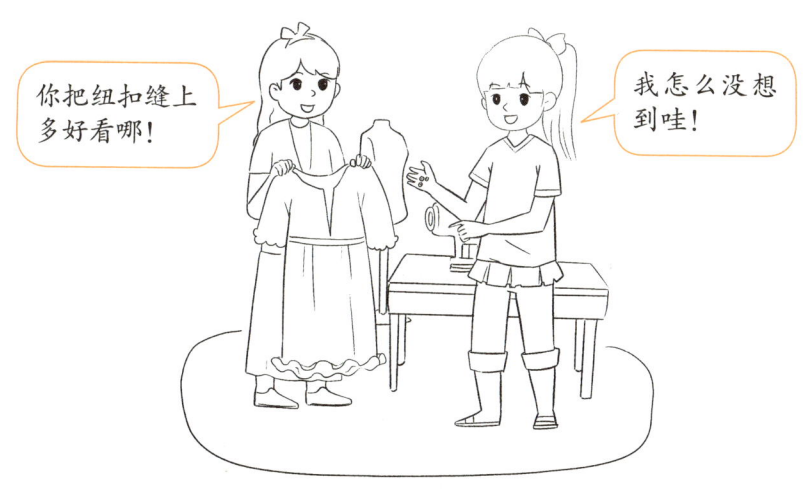

枪手博弈

> 枪手博弈是假设甲、乙、丙三位枪手知道彼此实力（命中率分别为80%、60%和40%）且能理性分析，三人相互怨恨。假设一：三方同时开枪；假设二：先由丙开枪，然后轮流开枪。若三人同时开枪，第一轮甲、乙、丙活下来的概率分别为24%、20%和100%。

这一概率基于三人相互的了解，实际上难免因互不了解而不同。第二轮中，若甲、乙二人中只活一个，丙的存活率最低；若甲、乙都没死，回到第一轮；若甲、乙都死了，乙存活。在假设二中，丙射中甲或乙都对他不利，未射中则甲、乙会先对决，两人一决胜负后轮到丙。因此，未射中对丙最有利。

枪手博弈揭示了一个道理：在多人较量中，胜败不仅凭实力，更在于实力对比与策略选择。因此，强者和弱者在遭遇枪手博弈时都需要慎思策略，以博取胜机。

南宋末年，面对蒙古和金朝的双重威胁，南宋朝廷内部产生了扶持与灭亡金朝的两种意见。大臣乔行简主张继续向金朝输纳岁币,将金朝作为抗蒙的缓冲,利用蒙古来消灭金朝,南宋则借机积累实力最后抗击蒙古,恢复中原。此时三方实力从高到低分别为蒙古、金朝和南宋,乔行简的策略无疑是南宋的最佳选择。然而,由于历史上的徽、钦二帝被掳事件,宋朝对金朝怀有深仇大恨,最终选择了与金朝对立,双方爆发了激烈的战争。金朝在蒙古与南宋的夹击下逐渐走向灭亡,1234年,金朝彻底覆灭,靖康之耻得以洗雪。然而,这对南宋而言并不是什么好事,蒙军在消灭了金朝后,将目标转向南宋,南宋面临的危机愈发严重。1279年,在蒙军的强大攻势下,南宋灭亡。

枪手博弈的启示

如果南宋与金朝能具备战略眼光,抛却旧怨,联手御蒙,或许可以避免速亡之祸。在竞争场上,无永恒之敌。利益所驱之下,昔日的对手亦可成为今日的盟友,共同对抗更强大的敌人。以卵击石,若双方正面交锋则强者必胜,只有避其锋芒,弱势一方才有胜算,这就是枪手博弈给予我们的策略启示。枪手博弈中,胜负并不是由实力所定,更在于实力对比与策略选择。在遭遇枪手博弈时,无论是强者还是弱者都需审时度势,制定恰当的策略来博取胜利。

枪手博弈是一种策略博弈

枪手博弈是一种策略博弈，博弈者的策略选择直接影响结果。为了求胜，博弈者之间会出现策略互动，从而导致彼此策略相互关联和依存。策略博弈通常有两种形式，其一为同时行动博弈，又称一次性博弈。在此情况下，博弈者往往在不了解对方策略的情况下同时出招，其结果与博弈者实力关系不大，而更多取决于所采取的策略。对于一个博弈者而言，无论其他博弈者如何行动，某个策略始终胜于该博弈者的其他策略，那么该策略就是优势策略。

善妥协者得尊重

在枪手对决中，重要的不是打败谁，而是先保护自己，然后伺机战胜对手。要想一直取胜不仅要靠实力，更需要智慧和策略，他人激战之时，正是提升自我的良机。弱者无须妄自菲薄，他们也有优势，因为处境相对安全，所以可以在对手相互厮杀时积蓄力量，增强以弱胜强的可能性。如为弱者，务必切记，生存为先，发展在后，学会妥协才有一线生机。妥协意味着你尊重对方，对方自然也会尊重你。可以说，善妥协者得尊重，必成生活的强者与智者。

三国时期，曹操率领大军准备南征，孙、刘联军虽兵力薄弱，却凭借水战优势与曹军对峙。曹操得蔡瑁、张允两位水战高手相助训练水军，令周瑜心生忧虑。为除心腹大患，周瑜巧施反间计。他热情款待前来策反他的谋士蒋干，在酒宴上只谈友情不谈军事，让蒋干无从下手。夜晚，周瑜佯装醉酒，与蒋干同床共眠，故意留下蔡、张二人与周瑜勾结的信件。蒋干偷信后误以为真，连夜返回曹营，向曹操禀报。愤怒之下，曹操下令杀了蔡、张二人。待他冷静下来，才知中计。此计在"三十六计"中称为"隔岸观火"，意在面对多方对手时，不可轻举妄动，千万不能让敌人联手攻击你，最好的选择是静待另外几方矛盾激化、相互削弱力量后，你再收割胜利的果实。

枪手博弈的重点

通过枪手博弈可知，在多人博弈中，胜负并非只靠实力所决定，更在于双方实力对比以及基于此形成的策略选择。弱者若能正确运用博弈策略，反而胜算更大，其最佳策略就是坐山观虎斗，远离争斗，保存实力，看准时机后再入场收割两败俱伤的敌人们。若枪手甲深谙博弈之道，选择藏锋不露，那么首当其冲的就是乙，若三者皆隐藏自己的实力，博弈将变得难以捉摸。可见枪手博弈的关键在于了解各方实力后的理智决策，胜利终将属于那些找准最优策略之人。

警察与小偷博弈

> 小镇有警察、小偷、银行（财产2万元）与酒馆（财产1万元）各一，银行与酒馆分属两地，警察巡视其一时，小偷只能去另一地行窃。若警察巡视方向与小偷行动方向相同，警察会抓住小偷；反之，小偷得逞。如何巡视才能将小镇损失降到最低？

警察的最佳策略是抽签决定巡视谁，因银行财产是酒馆的两倍，所以银行两签，酒馆一签，巡视银行和酒馆的概率为2/3和1/3。小偷则相反，去银行和酒馆的概率为1/3和2/3。若双方都选择最佳策略，成功概率相等。此博弈类似于"石头剪刀布"的游戏，参与者需随机选择且不让对方摸清规律，否则风险大增。

儿时游戏"剪刀石头布"的关键就在于不能让对方知道己方策略，要保持随机性。这是因为此种博弈只有混合策略均衡而无纯策略均衡，而混合策略产生于备选策略的随机抽取。

张巡的策略

天宝十四年（755年）年底，安禄山反叛，他派遣手下叛将令狐潮围攻雍丘。守将张巡仅有两千兵卒，却在兵力悬殊的情况下，带领一千精兵冲出城门，直捣敌军阵营，令叛军措手不及。为了应对叛军的登城云梯，张巡选择火攻，叛军死伤惨重。在接下来的六十多天里，张巡不断发动突袭，打得叛军不知如何是好。几次作战中，张巡率军抢走了叛军的粮草和食盐，虽保证了粮草供给，但是武器不足的问题尚未解决，于是张巡巧施草人借箭之计，成功获取大量箭矢。计策成功后，他每天夜里都会放草人出去诱敌，叛军发现了他"借箭"的意图，不再拿箭射草人。此时，张巡觉得发起总攻的时机已到，便利用敌军对草人的麻痹大意，趁夜送五百名战士出城夜袭敌营，火烧营帐，追击穷寇，大获全胜。

在上述故事中，主人公张巡利用了警察捉小偷博弈中的随机策略。在这场博弈中，参与者不必过分关注自己的决策，而要找到方法让对手觉得你的行动无规律可循，觉得你的行为对他们并无影响。这种方法看似混乱，实则是零和博弈的转换，要求参与者保持警觉，一旦发现对方漏洞便立即做出反应。在警察和小偷的博弈中，混合或随机策略是策略性选择，获胜的关键在于运用偶然性，若对方发现己方的行为规律便应立即改变，以提高获胜的可能性。

混合策略的均衡

混合策略的均衡的特点就是参与者都不在乎具体策略,若选择混合策略应付对手,可使他们感觉到自己的任何谋划都无法左右你的行动。听起来很玄妙,但这与零和博弈的随机化动机原理类似。我们既要警觉对手的规律行为并予以制约,又需坚守最佳混合策略以避免对方占据上风。若对手行动有倾向性,往往代表着其策略欠妥。混合策略并非盲目选择,而是富含策略性的筹谋。特别需要留意的是,一定要随机插入偶然性选择,以防止己方的规律行为被对方识破,从而陷入被动。

混合策略乃最优之选

你的行踪我已洞察,我的底牌你却不知。这背后隐藏着"警察与小偷博弈"策略,我已洞悉你的纯策略,便可依此制定我方最佳对策来赢得胜算。如遇不利于我之境,便引导对方去猜,将双方拖入混合策略的均衡中,我方可先随机出牌让对方虚实难辨,再在摸清对方底细后出奇制胜。在"警察和小偷的博弈"中,混合策略乃最优之选,纯策略则易致己方陷入败局。高明的策略家会在表面上运用混合策略,实则暗中选取最利纯策略,令对方措手不及,不知如何是好。

公元前628年,秦穆公因郑国与晋国交好而对郑国不满,遂决定趁晋国内乱之机,与留守郑国的秦将合谋偷袭郑国。消息传至一名叫弦高的牛贩子耳中,他知道向郑穆公报告这一消息已来不及,须提供应对之法。于是,他一面急报郑穆公,一面身着官服,率领随从,迎候秦军。秦军浩荡而来,弦高迎上前去,以郑国使臣身份拜见孟明视将军,表示自己携带牛肉和牛皮来慰劳秦军,并暗示郑国已知秦军来意,并且做好防御准备。孟明视将军震惊于郑国消息之灵通,心知偷袭计划已败露,遂顺水推舟,以路过为由婉拒犒劳,改道攻取滑国后撤军。郑穆公得知弦高之计成功,随即派人告知留守郑国的秦将。三个秦将连夜返回了秦国。因此,弦高被破格提拔为军尉。

协和谬误

> 英法曾联合研发协和飞机,因需持续投入巨资就想放弃研发,但又舍不得前期的巨额投入,他们咬牙坚持反而损失更重。这种骑虎难下的博弈被称为协和谬误,其破解方案是忽略之前的投入,只对未来的投入与可得好处进行利益衡量。

人们常陷入过分关注已有投入的误区。过分眷恋曾经的付出会导致不断追加投入,从而造成更大的损失。炒股的人或许会感同身受,他们常因不甘心而被深套。怕浪费资源者更易陷入沉没成本的谬误中,如强迫自己看不想看的电影,这是非理性的。如已骑虎难下,应及早收手,否则损失更重!

协和谬误在于明知犯错却死不承认、执着挽救,导致投入更多成本,结果得不偿失,既浪费资源又未能纠正错误,损失更重,可谓"赔了夫人又折兵"。

在现实生活中,沉没成本常常成为我们理性决策的绊脚石。比如,有个人每天上班都有两个选择,可以选择先坐公交再步行十分钟,也可选择先步行三十米再换乘小巴士。他通常选择乘坐小巴士,因为觉得更方便。但有一天,他等了很久小巴士都没来,却仍在坚持等待,他心想:已经等了这么久,就再等等吧!结果等到7点40分了,也没有看见小巴士,不得不打车,却因出租车也难等,最终迟到被罚款,还丢了全勤奖。这里的等待时间就是一种"沉没成本",它本与是否换车或打车的决策无关,不应作为考虑的因素,当事人只需考虑新交通方式能否避免迟到或更大损失即可。但是他被已投入的时间成本所困,做出了不理智的决策,损失不小。

认清现实,及时止损

任何损失背后都有其自身原因。当问题发生时,反省才是关键,不要花时间开脱,否则损失只会扩大。同样的,如果被人骂后生气难过,想发火报复,那也代表我们被困在沉没成本里无法脱身。无论沉没成本由何种原因引起,既已无法挽回,便应放下纠缠,以归零心态重新决策。要摆脱沉没成本的羁绊,需在成本失控前果断放弃。因此,决策前务必慎重,全面评估收益和损失。一旦沉没成本形成,一定要认清现实,及时止损,避免更大的损失。

论博弈的本质

妥协放弃也是一种智谋

协和谬误,即在投入成本后,发现不宜继续却欲罢不能的困境。一旦陷入其中,及早退出方为上策。然而,当局者常因迷茫不舍而无法果断抽身,这反映了一种矛盾犹疑的心理博弈。这种心态常使人失去理性,并越陷越深。明智之举是果断退出,及时止损为上。面对"不再期待获利、开始计划减少损失"的尴尬境遇,我们更应向前展望、及早后退。妥协放弃乃智谋之要,不懂进退者终将深陷失败之中。审时度势,果断抽身,方能避免苦果。

要拥有理性

在博弈场上,理性是不可或缺的品质。若深陷"损失憎恶"的旋涡,对"沉没成本"过度执着,便容易失去理性判断。须知,"沉没成本"只是过往的支出,无法回收,对当下决策并无实质影响。因此,我们在生活中应超越"沉没成本"的束缚,摆脱"损失憎恶"的羁绊,展现壮士断腕的果敢和认赔服输的勇气。投资失误时,止损胜于保本,一旦发现不利,便应果断抽身。博弈并非只争胜负,适时回头、避免损失、保存实力同样关键。

丹尼斯在非洲草原亲眼见证了一场狼与鬣狗的生死较量。那年，草原遭遇罕见旱灾，草原生灵的生存变得尤为艰难。一般而言，狼族狩猎由狼王引领、相互配合，而鬣狗则常凭数量优势无序冲锋，两者能和平共处。但此时资源有限，冲突在所难免。为了争夺野牛残骸，双方进行激战，最终，战场上仅余狼王与五只鬣狗对峙。狼王在混战中被咬伤后腿，行动受限。面对步步紧逼的鬣狗，它咬断了自己的伤腿，随即扑向最近的鬣狗，瞬间将其咬死。其余鬣狗见状，惊恐万分，纷纷后退。最终，四只鬣狗败退而去，狼王得以幸存。此战，狼王以断腿之小代价，换取了生存之大胜利。这正是兵法中"弃卒保车"的智慧，在己方无优势之时，为了大局可以牺牲小利，以小换大。

做出明智的选择

在面临两难抉择时，明智的选择往往是"舍小保大，弃车保帅"，即从大局出发，牺牲局部利益，换取整体安全。兵家、商家、职场人士皆深谙此道。在事业和人生的低谷，若一味求进不舍，处处欲得，终将处处受制，全盘失利。智者知进退、懂妥协，知道如此方能在竞争中占据上风。对于那些注定失败的博弈，如进退维谷、欲罢不能等，策略家应避而远之。若不慎陷入，以诱使对方先退为佳；如若不行，自己及时抽身亦不失为上策。

论博弈的本质

在一座小镇上,有一位名叫小明的年轻人,他是这个小镇上最受欢迎的鞋匠。他每天都会用心制作出最舒适、最时尚的鞋子,深受镇上居民的喜爱。

有一天,一位神秘的陌生人来到了小镇,声称自己是一位喜欢冒险的探险家。他对小明说:"我走遍了世界各地,但从未见过如此美丽的小镇。你愿意和我一起去冒险吗?"

小明陷入了沉思,他知道如果跟随探险家冒险,会有无限的新奇和刺激,但同时也意味着要放弃自己心爱的鞋匠事业。最终,小明经过一番深思熟虑,对探险家说:"我很感激你的邀请,但我选择留在这里,继续我的鞋匠事业。这里是我的家,我无法舍弃这里。"

探险家虽然感到遗憾,但也理解了小明的选择,并祝福他未来的幸福生活。小明坚持了自己的选择,继续在小镇上制作鞋子,为人们带来舒适的鞋子。

这个故事告诉我们,做出明智的选择并没有那么容易,但坚持内心的信念,才能走向更加幸福的人生。

第四章 生活中的博弈

在实际生活中，博弈几乎无处不在。可能大多数人并不知道这叫博弈，却在处处使用博弈的思想。在生活中，了解什么是博弈以及如何使用博弈，是一个人安身立命的重要法则。比如，在交友中，学会运用博弈思想，做事不步步紧逼、锋芒毕露，就能够化敌为友，拓展自己的人脉。

后发制人,制定博弈策略

> "博弈"一词听起来高雅,实则十分"接地气"。这是一种与人们实际生活密不可分的行为,每一个层级的人每天都在运用这种思想为自己谋得利益。所以,博弈与层级根本没有什么关系,而是看个人是否能够恰当运用。

每个人运用博弈的目的,无非就是谋求更大、更多的利益。那么,怎样才能从众多博弈中脱颖而出,取得最终的成功呢?最有效的方法就是后发制人。采用敌不动、我不动的策略能够更好地应对对手,不盲目行动。这样一来,取得成功的可能性就会大大增加。

后发制人不是一味地躲避对手,而是有目的地制定策略,寻找合适的机会,精准地打击对方的弱点,让对方溃不成军,从而达到我进敌退的效果,帮助我方取得最后的胜利。

春秋末年,阖闾做了吴王后,与附近越国的矛盾日益加深。越王勾践在国家动乱时即位，吴国就派兵攻打越国。没想到战争输了，吴王伤重而死。吴王在临终时，对他的儿子夫差嘱咐道："不要忘记与越国的仇恨。"因此，夫差即位后，认真操练军队，在两年后亲自率兵攻打越国。越国的大夫范蠡对勾践谏言说："吴国来势汹汹，我们打不赢，就在城中防守吧！"勾践并没有听他的话，而是和吴国打得你死我活。最终，正如范蠡所说，越国失败了。之后，勾践派文种去吴国求和，一番交涉后，夫差同意了。在这以后，勾践励精图治，认真治理越国，壮大国力。最终，勾践趁着夫差不注意时攻打吴国，并成功报仇雪恨，打败了吴国，赢得胜利。

操之过急不如缓兵之计

从历史的角度来看，我们只能客观描述吴、越两国的发展。但是从博弈论的角度来看，越国无疑是一个拥有博弈智慧的国家。在最初的战争中，越国的实力不如发展后的吴国，因而战败。在战败后，他能够立马求和，寻求发展机会，并在后来发展国力打败吴国。这两件事足够说明越王是一个能屈能伸的君主。因而，对于弱小者而言，做事情不应该操之过急，缓兵之计或许是一个最好的选择。

设局需要谋略，控局则是艺术。控局的核心是找准对方的弱点，一举将对方击破。有时候，我们不妨等对方先出招，让其暴露弱点，再重拳出击、后发制人。实际上,后发制人就是等对方先动手,再抓住有利时机反击,制服对方。在博弈中,我们经常遇到后发制人的现象。遇到难以应付的对手,我们总是想逃避,逃得越远越好。如果这种想法占据你的心灵,你就永远无法消除畏惧的意识,而解决的办法之一就是先发制人。但这并不是说,什么事情都不分青红皂白,一律采用"先发制人"的手段和方式。因为这种手段无论是在事业中还是在生活中,都很容易得罪人,给自己造成不利后果。有时候,后发制人也能起到出奇制胜的效果。

采用优势策略,形成竞争优势

无论是在一次性博弈中还是在连续阶段性的博弈中,博弈者都要找到最适合自己的方法,不要犹豫不决,只知道照本宣科,按照别人的方法行事。如果一个博弈者在一个阶段性的博弈中,找到了最具有优势的策略,从而占据了优势地位,那么博弈的走向会完全靠近占据优势地位的人的意愿。然而,如果博弈者所处的博弈环境让他暂时没有办法采用最优策略,那么他应该暂时按兵不动,细心观察并简化博弈的过程,仔细思考对自己最有利的策略,从而形成自己独特的优势。

打破惯性思维，因利而制权

> 我们每个人的大脑都有几乎完全一样的构造和脑细胞。然而，每个人的思维方式是不一样的。总体来说，思维方式可以分为两种：一种是发散思维，另一种是直线思维。相比之下，直线思维的人做事不知道变通，只知道认死理。

直线思维是每个人都拥有的。因为并不是所有的事情都需要创新，有些事情的做法本就固定，人们自然而然就养成了用定式思维思考问题的习惯。可是，照葫芦画瓢并不一定有利于推动事物的发展。在生活和工作中，我们要学会采用发散思维，不再做经验主义的奴隶。

在生活中，我们如果遇见难以解决的问题，首要的任务就是让自己先冷静下来，不要慌张，然后去认真分析，尝试用不同的思维和方法去解决问题，以创新的思维去探索事物的发展变化。

在一个大型公司的CEO（首席执行官）招聘选拔中，曾出现过一道十分有趣的题目：该公司设计了一个独特的场景题目，设想一个暴雨

论博弈的本质

如注的夜晚,你驾车下班途中经过一个车站,那里有三个人在等待——一位是曾挽救过你生命的医生,另一位是病情危急的病人,第三位是你深爱的人。面对只能搭载两人的车辆,你将如何抉择?

面试者们给出的答案和理由各不相同,却没有一个人的答案令面试官们满意。正当他们打算放弃这场面试的时候,有个年轻人给出了一份与众不同的答案。原来,年轻人说:"我会让医生把那个病人送到医院,而我会留下来和我心爱的人等下一辆车。"这个令所有人满意的答案实际上是年轻人创新思维的体现。正是这个年轻人别出心裁的想法,才让他在激烈的竞争中脱颖而出。

应对变化的策略

世间的万事万物都在不断地发展变化。如何应对变化无常的事物,大体有三种办法:第一种是以不变应万变。相对而言,这种方法是一种比较被动的方法,不利于快速解决问题。第二种是以变应变。事物在改变,策略也要做出相应的改变。正所谓上有政策,下有对策。第三种是以变制变,相比第一种,这是一种主动出击的方法,展现了博弈者积极进取的品质,能够让博弈者在变化中寻找新的机遇,突破现有的局限,实现前所未有的变化。

灵活应变破困境

在面对突如其来的困难时，很多人都不知道该如何应对。博弈论教会我们，要有创新的思维和灵活的头脑，而不是只知道手足无措，等待外界的帮助。俗话说，能够救你的只有你自己。我们只有在这种情境中冷静下来，才能够以变应变，根据实际情况选用合适的方法，去突破现有的困难，达到另一个高度。这个方法不仅是博弈的内容，更是为人处世的智慧法则。

增强风险意识

物竞天择，适者生存。达尔文的进化论有时在人类社会中也同样适用。生活本来就遵循着淘汰制，它在无形中不断淘汰弱者，留下强者。所以，对于人类来说，活着或者生存本来就是一个有风险的行为。生活中每一次风险的应对，都是我们在与生活不断博弈。风险应对的结果就是我们博弈的结果。为了更好地应对风险，我们在平时就应该养成观察风险的习惯，认真分析每一个问题，从而帮助我们在应对真正的风险时能存活下来。

曾经有位喜欢根据市场价格捕鱼的渔夫。有一次，他听说墨鱼十分昂贵，就出海去捕墨鱼了。天却不遂人愿，当他捕鱼时，捕到的全是

论博弈的本质

螃蟹，可他并没有带螃蟹回去。当他回到岸上时，墨鱼却被贱卖了，螃蟹反而十分贵。于是，他再次出海。可这次，他只捕了墨鱼。这次，他还是没有带回任何货物。到了第三次出海，他发誓不再局限于特定的鱼类。然而，这一次渔夫只捕到一些马鲛鱼，他再一次失望而归。这连续的挫折让这位渔夫身心俱疲，最终在饥饿与寒冷中离世。

如果渔夫在这三次捕鱼中，能够接受现实的变化，及时调整自己的方法策略，那么他也就不会在饥寒交迫中死去。这就告诉我们一个道理：不要固执地去相信什么事物，而是要根据实际情况选择方法，懂得以变应变。

理性看待博弈

毫无疑问，每个人进行博弈是想要获得更大的利益。然而，我们也不要被最终的利益蒙蔽了双眼。我们要看到博弈的本质：博弈是一种理性的思维，帮助人们在面对困境时，理性思考，从而解决疑难问题。换言之，博弈不是一种行为，而是人们的一种思维。我们能做到的，只能是运用这种思维行事。除此以外，博弈并不是解决问题的"万金油"，也就是说，有些疑难问题即使运用了博弈思维也是解决不了的，但我们不能因此就否定博弈思维存在的价值。

学会保护自己，收敛锋芒

> 在《一个开拓者的思考》这本书中曾有这样一句话："人们遇见挫折时，对待挫折的方法，可以用翻船自救来形容。人们在沉底的时候屏住呼吸，然后利用水的浮力使自己漂浮。"这种做法看似卑微，实则是最有效的方法。

人生不如意之事，十之八九。如果我们身处困境，只知横冲直撞，不懂得遵循事物发展的客观规律，那么结果肯定会不尽如人意；相反，如果我们懂得示弱，那么大概率会实现逆风翻盘。因而，在逆境中，我们最好的做法是保持冷静，避免锋芒毕露，保存自己的力量。

在博弈论中，存在着"示弱"策略。俗话说，木秀于林，风必摧之。如果我们总是锋芒毕露，就很有可能会招致他人的嫉妒。有时候，懂得保存自己的实力也是一种为人处世的智慧。

晚清时期，曾国藩曾创立湘军，并带领湘军平定了太平天国的叛乱。可让人出乎意料的是，在平定叛乱之后，曾国藩并未向同治皇帝请

论博弈的本质

求赏赐，而是以军费开支过大的理由请求同治皇帝裁撤湘军。推究其背后的原因，这是曾国藩韬光养晦、隐藏锋芒的智慧选择。对于清朝而言，曾国藩是位高权重的汉臣，还在平定叛乱中立下大功。如果他选择接受赏赐，那么很有可能会引起皇帝的猜测和大臣们的排挤。如果曾国藩选择上奏皇帝裁撤军队，就可以裁撤掉不必要的军队，不仅可以节省开支，还能减轻皇帝的猜疑。曾国藩的做法，是一种自我保护的智慧。这就告诉我们，在做任何事时，不要处处出头拔尖，只有这样，才不易招来他人的嫉妒和猜疑，从而在所处环境中长久地生存下去。

学会"藏锋"，方能长久

在博弈论看来，"藏锋"是一种雁过不留痕的绝妙做法。"藏锋"并不是普通人理解的不要展示自己的才华。这种说法是普通人带有偏见的理解和认识。真正的"藏锋"智慧，是指在一些不必要的场合中，不要过早地暴露自己的真正实力。在生活中，学会低调做事，相对处事圆滑，反而能够长久地走下去；相反，那种在生活和工作中行事张扬的人，往往容易招惹祸患，引起别人的嫉妒和排挤，不能长久地在生活和工作中绽放属于自己的风采。

善于找到关键环节

"螳臂当车,不自量力""以卵击石"的故事相信大家都耳熟能详。确实,在生活中与强者对抗时,不要过于自信和盲目出击。如果只知道一头热血地往前冲,那么结果肯定是失败。相反,我们要保持冷静,认真分析对手的优势和劣势,找到破解难题的关键,才能够一击致命,打败对手,收到事半功倍的效果;否则,就会吃力不讨好,事倍功半。俗话说,方法正确了,离成功就不远了。因此,选择正确往往比盲目前行更有利于我们成功。

借力打力,以弱制胜

中国古代典籍《阴符经》曾记载:"性有巧拙,可以伏藏。"这句话看似简单,实则蕴含着深刻的道理。它告诉我们,只有擅长韬光养晦的人才能够取得最后的成功。在生活和工作中,如果做事情狂放张扬,不知道隐藏自己的实力,那么很容易招致别人的猜疑。如果采用借力打力、以弱制强的方法,反而能够达到四两拨千斤的神奇效果,从而逆转局势,取得最后的成功。这种做法适用于双方实力差距过大的情况,如果能够恰当运用,往往会产生神奇的效果。

康熙打算收回大权,限制辅政大臣鳌拜的权力,这就使得康熙和鳌拜的矛盾日渐加深。鳌拜常在康熙面前呵斥大臣,逼其让步,康熙深感威胁。当鳌拜要求处死无辜的苏克萨哈时,康熙坚决拒绝。鳌拜却强行奏请,直至康熙让步。多年来,鳌拜利用权势扩大势力,独揽大权。其亲信遍布朝廷,欺蔑皇帝,操纵六部。鳌拜还将心腹安插在朝廷各部,形成庞大的势力。尽管鳌拜在朝廷中势力庞大,康熙却选择智取而非正面冲突,以避免危及皇权。在一番思考后,康熙借助鳌拜上奏之时,利用少年卫士去抓捕他。经审讯,审判官员列出鳌拜罪行,原拟严惩,但康熙念其功绩,仅革职籍没,终身禁锢。鳌拜在狱中去世,其党羽也遭严惩。鳌拜集团最终覆灭。此事之后,康熙也成功掌握朝中大权。

欲擒故纵,迷惑对手

在生活和工作中,每个人都应该拥有"有为和不为"的智慧。"有为"是指在处于优势地位或对自己有好处之时,要积极作为,争取恰当的利益。"不为"并不是指不作为,而是指在自己处于弱势时,要认真地分析形势,不要盲目采取行动。"有为和不为"是一种为人处世的智慧,它体现在生活的方方面面。比如,经常钓鱼的人往往知道,在大鱼上钩的时候,不要迅速收竿,而是要徐徐为之。这就是在生活之中蕴含着的"欲擒故纵"的智慧哲理。得到自己想要的东西,在表面上却假装不想得到这种东西,麻痹和迷惑对方。

提升耐心与信心，长线博弈

> 在日常生活中，有很多人无时无刻不在怀疑自己，觉得自己能力不足，这就是典型的不自信。有人说，这个世界上有三分之二的人心理素质不达标。这就使得人们在面对挫折时，不能保持冷静，不能发挥出自己的真实水平。

洛克菲勒曾言："欲在商业领域取得卓越成就，耐心与信心乃不二法门。"从这句话中，我们能看见自信对于成功的重要性。成功者成功的原因可能不同，但他们一定是自信的。那些在事业上取得成就的人，因自信而勇于自我挑战，于困境中仍见希望之光，最终摘得成功之果。

对比所有成功的人，你能够发现他们身上共同的闪光点——自信。自信不是自傲，而是对自己的能力充满信心和自我信任。即使他们身处逆境，仍相信自己的前途充满光明。

我们都知道，亨利·福特在促进汽车行业发展中具有举足轻重的地位。然而，大多数人都不知道，福特最常采用的是长线博弈的策略。在他事业初步取得成功后，他不满足于现状，而是向更高的目标

论博弈的本质

进军。他对工程师们说:"先生们,请为我研发一个八缸引擎吧!"他的工程师认为这根本不可能,于是拒绝研发。在福特的再三坚持下,工程师们开始了。由于工程师心不在焉,第一次研发并没有成功。在失败之后,福特又说了相同的话。这次,工程师们比上次用心,可还是研发失败了。福特并没有气馁,而是说同样的话去鼓励工程师们。在第三次研发时,工程师们十分卖力,最终成功研发出八缸引擎。这个故事告诉我们,长线博弈时,能一直拥有信心的人,那就离成功不远了。

自信是成功的前提

林肯曾说过:"你坚定信心追求幸福时,你定能成功。"这句话说明一个道理:自信是获得成功的重要前提。在生活中,鼠目寸光的人往往只在乎一些无关紧要的东西,而不能学会找到远大的目标。真正能成大事者,拥有坚定的意志和远大的目标,并能一直为之奋斗。因此,只要你能够确定自己的目标,并拥有实现目标的信心,并为之努力奋斗,最后定能够取得成功。我们在追求目标时,遇见困难只知道一味退缩,就会离成功越来越远。

耐心是成功的基石

中国古代曾有这样一句话:"无望其速成,无诱于势利。"这句话表明,取得成功时要拥有耐心,欲速则不达。在生活和工作中,我们无时无刻不会遇到挫折。在面对挫折时,不要盲目出击、急于求成,而是要耐心地去分析所处环境,从而有利于我们取得成功。要知道,每一颗钻石被发现之前,都要经历数千年埋于尘埃的寂寞时光。因而,我们只需要坚定目标,一步一个脚印地前行,终能登上属于自己的高峰。

相信自己,稳步前行

在学习和工作时,我们往往会与他人进行对比,觉得自己不够努力。我们在做事时,千万不要自己感动自己,大部分人看似努力,实则愚蠢。熬夜看书、每天只睡几小时等,如果这种事情值得夸耀,那么工厂流水线上的工人比大多数人都努力。许多人以为自己已经足够努力了,有时可能是一种自欺欺人的表现。因而,脚踏实地做事,不要对比焦虑,按照自己的节奏行事,稳步前行,往往能够行稳致远,让梦想成真。

吕不韦在成年之后成为当地小有名气的商人。在古代,士农工商等级森严。因而,他一直想方设法改变自己的社会地位。在经过一番思考后,他看到了秦国质子子楚。在吕不韦的努力下,他和子楚取得了联系。但子楚最初并不相信吕不韦能帮助自己登上王位。他认为自己既不是长子，也不是嫡子，更不得父王的喜爱，怎么能够继承王位呢？吕不韦听到后，认真地和子楚分析秦国当时的情形，他说："秦昭襄王已经年老，而太子安国君膝下无子，那么他宠爱的华阳夫人立储的话语权就比较重。因此，我们可以讨好华阳夫人，让她为我们出面劝说安国君。"之后，吕不韦履行他的诺言，为子楚奔走。最终，子楚成为秦国的国君，而吕不韦也成功实现了阶级跨越，成为秦国的宰相。

拥有耐力和毅力

在生活中，许多事情往往需要很久的时间才能够实现。因而，拥有耐心和毅力便成为长线博弈的关键。狄更斯曾说："顽强的毅力能征服世界上任何一座山峰。"这句话在工作和生活中同样适用。一个人、一家公司、一个国家，如果没有毅力和决心，就不能在挫折来临时经受住打击，往往只能半途而废，最终走向失败。成功一定属于拥有耐心和毅力的人，只要我们能确定目标，找到前进的正确方向，脚踏实地地往前走，就一定会迎来胜利的曙光。

第五章 人际交往中的博弈

　　人与人之间的交往，犹如一场微妙的博弈。真正的强者，往往都是那些擅长处理人际关系、精于博弈的智者。在一场场博弈中，强者总能游刃有余地处理各种人际关系，他们擅长洞察人心，理解他人的需求和期望。他们不仅善于表达自己的观点，更能倾听他人的声音，从而找到双方的共同点，实现互利共赢。正是这样的智慧和技巧，使他们在人际关系的舞台上大放异彩。

宽容一些，避免两败俱伤

> 人与人交往，冲突与博弈是常态。每个人都有自己的立场和利益，其间难免会产生摩擦。人与人之间的这些冲突，既是挑战也是机会，让人际关系在磨砺中愈发成熟、愈发趋于平衡。

双方在相处之时，利益若不一致，矛盾便如暗流般悄然涌动，难以避免地浮现出来。这种情境常被称为负和博弈，是一场两败俱伤的较量。在这场博弈中，双方虽然可能短暂地取得某些利益，但从长远来看，却是得不偿失。随着矛盾的加深，双方的关系会逐渐破裂，不仅会失去信任，甚至可能引发更严重的冲突。这种博弈的结果往往是双方都受到损失，无人能够真正获得胜利。

人生在世，离不开与他人的交往与合作。正和博弈，是人与人之间互惠互利的最佳状态。在合作中，双方都能获得利益，实现共赢。这种博弈方式不仅增进了彼此的关系，还推动了人际关系的和谐与进步。

在哈佛的校园里，流传着一个关于富翁与其三个儿子的故事。这位富翁在晚年时，面临一个难题，那就是如何将他的财富传承给其中一个儿子。他决定让他们去环游世界，看看谁能做出最有意义的好事。

一年后，三兄弟归来。大儿子骄傲地描述了他如何为陌生人保管金币，并在对方意外去世后，把钱还给了那人的家人。二儿子则自信地讲述了他如何救起一个落水儿童，并资助他。

然而，小儿子犹豫地分享了他的经历。他说，在旅途中，他遇到了一个总是想陷害他的陌生人。某日，他路过一个悬崖，发现那人正在树下熟睡，只需一脚就能将其踢下悬崖。但他选择了宽容，叫醒他并叮嘱他注意安全。

听完三子的叙述，富翁深思后说："诚信与勇敢固然重要，但小儿子所展现的宽容之心，更为高尚。因此，我将财富传给小儿子。"

以宽容之心，博弈人生之道

人生如一场大棋局，对手众多，各有千秋。在这场较量中，我们应怀着一颗宽容的心，去应对每一次的冲突与挑战。宽容并非示弱，而是一种智慧，它能让我们在博弈中保持清醒与冷静。用理解去接纳对手的不同，用平和去化解矛盾的火花。在纷争面前，选择和平的方式去解决问题，不仅能够减少伤害，更能彰显我们的胸襟与气度。记住，宽容之心，是我们在人生棋局中稳步前行的关键，也是我们赢得更多尊重和友谊的秘诀。

论博弈的本质

携手并进，共筑人际和谐

在人际交往的大舞台上，我们应该选择正和博弈，携手共进，共同营造和谐的人际关系。如果心胸狭隘，只顾个人利益，双方都偏向负和博弈，互不相让，只会让彼此的距离变得更加遥远。真正的智慧在于关心他人的利益，实现双方的互利共赢。我们应该学会倾听与理解、尊重与包容，让每一次交流都成为增进友谊的桥梁。通过合作，我们不仅能够解决问题，更能培养信任与默契，让彼此的心灵更加贴近。

博弈之中，宽容与感恩并行

在复杂的人际关系中，人与人之间难免会产生矛盾与冲突。在人与人的较量中，我们应以宽容的态度面对每一位对手。宽容不仅是智慧的展现，更是我们保持平和心态的关键。同时，我们也要及时回应他人的善意，对每一份真挚的帮助心怀感激。面对他人的成功，我们应该由衷地赞赏而非心生嫉妒，因为他们的成就也是我们前进的动力。记住，博弈之路并非只有胜负之分，更有共同成长和收获。

在清朝的商业圈中，有个大名鼎鼎的人物叫胡雪岩。他做生意有个原则，那就是宽容为怀。胡雪岩心里明白，要想在商场上混得好，就得跟大家一团和气。一旦失去了信誉,损害的将是所有人的利益。

胡雪岩年轻的时候,在信和钱庄打工,专门负责催收欠款。有一次,他碰到了一个叫王有龄的穷困潦倒但有学问的读书人。胡雪岩看他人不错,就冒险收回了一笔难缠的欠款,整整五百两银子,全给了王有龄。这事后来被钱庄知道了,胡雪岩就被赶了出去。

后来,王有龄做了大官,知道胡雪岩的遭遇后,想帮他还清那笔钱,但胡雪岩拒绝了。他想,如果现在回去,那个当初赶他走的张胖子肯定十分尴尬,这事一旦传出去,张胖子还怎么见人?胡雪岩觉得,冤家宜解不宜结。最后,王有龄听了胡雪岩的话,悄悄把钱还了,没惊动任何人,大家都相安无事。

宽广胸襟:成功者的基石

在与人斗智斗勇的博弈场上,成功之士固然施展着高超的交际手段和策略,然而更加令人钦佩的是他们那份博大的胸襟。他们深知,唯有胸怀宽广,方能海纳百川,在纷繁复杂的人际关系中从容不迫。成功并非一蹴而就,宽广的胸襟正是他们攀登事业高峰的稳固基石。因为胸怀宽广,他们能在逆境中寻得曙光,在挑战中发掘机遇。这份胸襟不仅让他们赢得了他人的敬重与信赖,更为他们的成功之路铺设了坚实的基石。

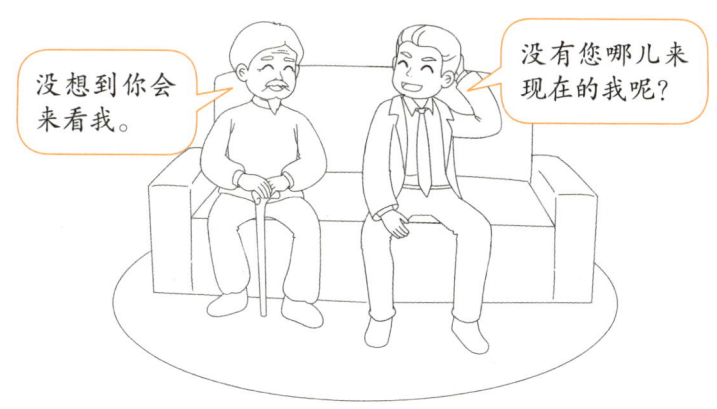

学会坦诚，让诚信滋养人际关系

> 在博弈的舞台上，真诚与信誉的价值远超一时的利益得失。诚信，是建立稳固关系的基石，是赢得他人信赖的关键。若只追求眼前的利益而背弃诚信，虽能短暂获利，但终将失去人心，陷入孤立无援的境地。因此，明智的博弈者往往注重诚信，以信为本，方能长久立足于博弈的洪流之中。

诚信在人生的博弈中，不只是做好事那么简单，它更像是一种聪明的策略。就像种下一颗信任的种子，虽然一开始看不出什么效果，但长期用心去培育，总有一天会开花结果。诚信虽然不会马上带来好处，但它能让别人信任你、尊重你，为你以后的人生之路铺好坚实的基石。

在合作博弈的舞台上，诚信是通往实现可持续性利益与发展的金钥匙。唯有以诚相待，才能打破隔阂，凝聚力量。诚信合作不仅是铸就共赢的基石，更是为未来的合作铺设的坚实道路。

乔瑟琳是哈佛商学院的高才生，毕业后看中了美国一家大公司，想要应聘财务会计一职。然而，由于她年纪尚轻，缺乏经验，在面试环节遭到了拒绝。

但乔瑟琳并未放弃,她坚决请求获得笔试机会,用实力证明自己。终于,她凭借出色的笔试成绩赢得了人力资源部经理的青睐,获得了再次面试的机会。

在这次面试中,经理发现乔瑟琳除了学生时期的财务管理经验,并无其他工作经历。尽管有些遗憾,他仍礼貌地表示会及时通知结果。这时,乔瑟琳拿出一美元硬币递给经理,请求无论结果如何都打电话告知她。她解释说,她想知道自己未被录用的原因,以便及时改进。同时,她也表示愿意支付公司因通知未录用者而产生的额外费用。

经理听后,对乔瑟琳的诚意和智慧表示赞赏,并决定录用她。乔瑟琳凭借自己的坚持和努力,最终赢得了这个宝贵的工作机会。

真诚至上,博弈的最佳策略

乔瑟琳在求职路上遭遇困境,但她没有放弃,而是用真诚和智慧打动了面试官,最终获得了宝贵的工作机会。这就恰恰证明,在生活的博弈场中,真诚是一种可行且有效的手段。想要实现自身利益的最大化,并确保利益的可持续性,我们需要摒弃虚假与伪装,以真诚的态度去面对每一个挑战。因为真诚不仅能够为我们赢得他人的信任与尊重,更能为我们开辟出更广阔的发展道路。在博弈的世界里,真诚永远是我们最坚实的后盾。

论博弈的本质

以诚信为基石，追求重复性博弈

在博弈的大舞台上，每个参与者都应该选择诚信作为自己的金字招牌。诚信，不仅是合作的基石，更是长远发展的保障。那些追求一次性博弈、只看重眼前利益的人，往往难以有长久的合作。因为真正的博弈，需要的是重复性的合作与交流。只有这样，我们才能深入了解对方，建立起稳固的合作关系，从而实现共赢。所以，作为博弈者，我们应该主动选择诚信，追求重复性的博弈，这样才能在博弈的世界中走得更远、更稳。

诚信助力成功，博弈中的隐形宝藏

诚信，就像是一笔无形的财富，在博弈的世界里发挥着至关重要的作用。它不仅是个人品格的展现，更是合作关系的桥梁。在博弈中，诚信能够让我们赢得他人的信赖和尊重，为合作打开更多的大门。同时，诚信也是效益的引擎，它能够推动我们建立起牢固的合作关系，实现互利共赢的局面。因此，我们要珍惜这份隐形的财富，将它视作博弈中的效益源泉，用诚信的力量推动持续的合作。

一位显赫的商人乘船渡河却不幸触礁，船只倾覆，他落入滔滔江水之中。他拼命呼救，并承诺："谁能救我，我必将赠予百金酬谢。"一名渔夫闻声救起他。然而,商人仅付了八十金。渔夫愤怒地指责他背信弃义,商人却反斥其贪心不足。

不久之后,这位商人又在同一条江上遭遇危险,他再次高声呼救,并许下同样的诺言:"救我者,我将献上百金。"恰巧,上次的渔夫也在岸边,他向周围的人们说道:"此人言而无信,他的话不可信。"听到这话,无人敢上前搭救,商人最终溺水而亡。

这个故事告诉我们,诚信是立足之本。商人为了节省二十金,最终失去了宝贵的生命。在利益与诚信的博弈中,他选择了前者,却因此付出了惨痛的代价。人生路上,我们应坚守诚信,不为眼前小利所动摇。只有这样,我们才能赢得他人的信任与尊重,获得更长远的利益。

诚信的力量:实现长远利益最大化

诚信,作为商业活动的基石,是社会进步的强大推动力。它既是个人品格的展现,更是企业成功的秘诀。在瞬息万变的商业舞台上,诚信能够显著减少交易过程中的成本负担,消除因信息不透明而带来的潜在风险,确保商业合作的稳定与高效。从长远的角度来看,坚持诚信的个人和企业更易于树立值得信赖的形象,积累良好的市场声誉,进而在激烈的竞争中脱颖而出,实现预期利益的最大化。

以德报怨，广结人脉得贵人

> 人脉如同生活中的一座桥梁，连接着各种资源和机遇。它是我们事业腾飞的得力助手，能够为我们带来无尽的智慧与力量。在这个日新月异的时代，人脉的重要性愈发凸显，它助力我们跨越障碍，迈向更广阔的舞台。

人际关系是我们在生活中无法回避的课题。面对不公，我们更需注重人脉的积累。以德报怨，不仅是修养的体现，更是智慧的抉择。在人际博弈中，以和为贵，以诚待人，方能赢得先机。只有用宽容的心态去经营人脉，用善良的品性去影响他人，才能构筑和谐的人际网络。

以德报怨是人际和谐的重要保证。面对冲突与误解，我们应以宽容之心，化解矛盾，让善意与理解流淌于人心之间。唯有如此，才能营造和谐的博弈氛围，让彼此在相互尊重中共同成长。

春秋时期，赵国有两位杰出的英雄——蔺相如与廉颇，他们之间的故事无疑是以善报恶、以德报怨的典范。蔺相如以其卓越的智谋和勇气，深受赵王的器重，同时也赢得了赵国百姓的敬仰。然而，同为赵国大将的廉颇，对蔺相如的崛起心生不满。他自视甚高，认为自己的战功和地位受到了威胁，因此多次扬言要找蔺相如的麻烦。面对廉颇的挑衅，蔺相如并未选择针锋相对，而是选择了宽容和退让。他深知，国家需要的是团结和稳定，而不是内部的争斗和分裂。因此，他处处忍让，尽量避免与廉颇发生冲突。蔺相如的宽容与大度最终打动了廉颇。他开始反思自己的行为，认识到自己的过错和狭隘。深感愧疚的廉颇，决定亲自登门向蔺相如道歉。他承认了自己的错误，并表示愿意与蔺相如共同为赵国的繁荣富强而努力。蔺相如见到廉颇的诚意，也欣然接受了他的道歉，并与他握手言和。

以德报怨：人际合作的催化剂

以德报怨，是一种高尚而积极的处世方式。在纷繁复杂的人际交往中，当我们面对他人的误解或伤害时，选择以德报怨，不仅能彰显自身的修养和度量，更能促进人与人之间的合作。从博弈的角度来看，以德报怨能够打破双方的对立与隔阂，化解潜在的冲突，为双方创造一个和谐共处的环境。在这样的氛围下，人们更容易放下防备，坦诚相待，从而达成更深层次的合作与共赢。在人际交往中，只有多一些宽容与理解，少一些怨恨与冲突，才能创造合作共赢的机遇。

论博弈的本质

广结善缘，回报自然来

在日常生活中，我们常说"好人有好报"，其实，这背后蕴含着一个深刻的道理。广种善因，就是我们要多行善举、多结善缘。当我们以善意待人、以善心处事时，那些看似微不足道的善举，其实都在为我们播下丰收的种子。广结善缘，意味着我们积极地与人为善，真诚待人，这样的态度自然会赢得更多的善意和机遇。当我们心怀善意、乐于助人时，不仅能让周围的人感受到温暖，更能在不经意间收获意想不到的回报。

人际脉络：事业腾飞的基石

事业要想腾飞，人际脉络的作用不容忽视。那些精通博弈的高手，往往都拥有一张坚实的人际关系网。这张网如同一张无形的地图，为他们指引前行的方向，提供宝贵的资源和支持。在这个竞争激烈的时代，人际关系不再只是简单的交往，更是事业成功的关键。我们只有注重人际关系的建立和维护，通过真诚、信任和互助，不断拓展和巩固自己的人际网络，才能为事业的成功奠定坚实的基础。

斯皮德于1996年踏上了异国征程。两年后，他决定回国，却有一个特别的请求：保留公司手机。他坦言："两年的海外生活，人脉是我唯一的依靠。换号便是断了与过去的所有联系。"

回国后，斯皮德成为斯坦福工业园的高级顾问，收入不菲。但这只是起点，他凭借深厚的人脉和政府关系，为工业园吸引投资，收获颇丰。这背后是他长期积累的人脉和政府的信任。

初到斯坦福，斯皮德便深入斯坦福大学，结识了众多企业精英和政府高官。他的真诚与热情，赢得了大家的尊重与信赖。很快，他便以"热心肠"著称，为新来的厂商提供帮助。

不久，斯皮德成功地为工业园引进了多个重大项目，并兼任多个工业园的顾问。每当他的名片上多了一个头衔时，收入便翻倍增长。人脉的力量，让他在职场中如鱼得水，轻松自如。这正是人脉的魔力，让他在职场中屹立不倒。

人际网络的力量，无形的金钥匙

在生活的舞台上，丰富的人际关系网络如同一把无形的金钥匙，能够开启无数机会的大门。拥有广泛的人脉，意味着拥有更多的资源和信息，能够让我们在事业上更加从容不迫。有人帮助，犹如锦上添花，不仅能够在关键时刻为我们提供有力的支持，还能够激发我们的潜力，让我们在追求梦想的道路上更加坚定。我们应该珍视身边的每一个朋友和伙伴，用心去经营和维护这些宝贵的人际关系，让它们在未来的日子里为我们带来更多的惊喜和收获。

说话留余地，免受失言之害

> 语言博弈，犹如一场隐形的较量，字句间暗藏锋芒。在这场无声的战斗中，语言成为最强大的工具，既能化敌为友，也能掀起轩然大波。它既能表达深刻的情感，也能戳破表面的伪装。只有真正掌握了语言的精髓，才能在这场较量中笑到最后。

在话语的博弈交锋中，有些人常常因为一时的得意而忘乎所以，丝毫不顾及可能带来的后果。他们或许因为言辞过于尖锐，伤害了他人；或许因为轻信了一些传言，导致自己错过了重要的时机。一旦说出不当的话，往往会造成难以弥补的后果，不仅伤害别人，也会害了自己。因此，在言语的较量中，我们必须保持清醒的头脑，谨慎选择言辞，以免进入无法挽回的困境。

在言辞的战场上，若想获得胜利，关键在于灵活运用各种技巧。与对手建立亲近的关系，并巧妙地将真相透露给他，便是一种有效的策略。这样一来，既能减少摩擦，又能保持信息优势。

在三国纷争的年代，蜀汉这个位于西部的国家，自建立之始便历经重重困难。开国君主刘备，尽管建国之路并不平坦，但他在诸葛亮的精心辅佐下，逐步壮大势力。在选择继承人及制定国家未来战略时，刘备也展现出了非凡的智慧。

蜀汉章武三年（223年）春天，刘备在永安病重。他紧急招来远在成都的诸葛亮，商议国家大事。刘备对诸葛亮说："你才智过人，定能引领蜀汉走向繁荣。若我儿刘禅可堪重任，你便辅佐他；若不然，你便是蜀汉的希望。"诸葛亮听后，立刻表示将竭尽全力，为蜀汉鞠躬尽瘁。

刘备又留下遗诏给刘禅，告诉他要像敬重父亲一样敬重诸葛亮。这看似简单的交代，实则蕴含着刘备的深谋远虑。他巧妙地将国家的命运与诸葛亮的忠诚联系在一起，既确保了政权的平稳过渡，又展示了他高超的政治手腕。

言语博弈：传递真实与试探意图

刘备托孤，实际上是一场言语的较量。他运用巧妙的话语，不仅展现了自己内心的真实想法，更成功地试探了诸葛亮的忠诚之心。在这场较量中，刘备展现出了高超的言辞技巧，令诸葛亮不得不表露忠诚。言语的博弈，常常是一场无声的较量。我们巧妙地运用言辞，既能传达出自己的真实想法，也能试探出他人的真实意图。在日常的对话交流中，通过巧妙的言辞，我们不仅能赢得他人的信任与尊重，更能建立起深厚的人际关系。

语言博弈最优策略：含蓄表达的技巧

在语言的较量中，含蓄的表达展现了一种独特的技巧。它让我们能够用柔和、内敛的方式传递信息，避免直接碰撞和冲突。这种表达方式不仅有助于构建和谐的人际关系，还能让对方更容易接纳我们的看法。当我们采用平和的语气和措辞来交流时，往往能营造出一种温馨、舒适的氛围，使对话更为流畅。因此，在语言的博弈中，掌握含蓄表达的技巧是一种高情商的体现。它能帮助我们更有效地与他人沟通，实现双方的共赢。

语言博弈高手：柔和表达，双赢之智

在语言的交锋中，直截了当的表达方式往往不是最佳选择。过于直接的言辞，就像尖锐的箭矢，容易刺伤他人的自尊和心灵。当我们用生硬的态度去攻击对方时，实际上也在无形中伤害了自己，因为尖锐的言语往往会激起对方的反感和对抗，进而破坏彼此的关系。因此，在语言的较量中，我们应该学会运用柔和与含蓄的表达方式，以平和的语气去交流，尊重对方的感受，这样才会取得良好的沟通效果。

汉代公孙弘自贫寒中崛起，身居高位却不忘初心，生活俭朴，为官清廉。然而，此举却引来大臣汲黯的指责，认为他故作清贫以博取名声。汉武帝听闻此事后，询问公孙弘："汲黯所言，是否属实？"

面对询问，公孙弘并未辩解，而是坦然承认："汲黯所言，句句属实。他深知我品性，故直言不讳。我身为丞相，却俭朴度日，确实是为了求得清廉之名。然而，这并非为了个人私欲，而是为了树立榜样，引领朝中风气。若非汲黯忠诚直言，陛下又怎能得知此事？"汉武帝听后，对公孙弘的谦逊与坦诚更为赞赏。因此，他更加敬重公孙弘，认为他是一位真正的贤相。

公孙弘的智慧告诉我们，面对指责与误解时，应保持平和之心，坦诚面对，不必过分辩解。只要我们以退为进，就能够化被动为主动，从而为自己赢得更多的尊重与信任。

博弈智慧：面对指责，不辩自明

在语言的较量中，面对莫须有的指责，我们无须急于辩解。有时候，辩解反而会加深误会，让人陷入更被动的境地；相反，勇于承认小错，展现出谦逊和坦诚的态度，往往更能赢得他人的尊重与理解。不辩自明，是一种高明的公关策略。它不仅能够化解危机，还能够增强自身的信誉与形象。因此，在语言的博弈中，我们要学会运用这种智慧，以平和的心态面对指责，用谦逊和坦诚赢得他人的认可与信任。

论博弈 的本质

在一个村庄里,有一位名叫孙红的女孩儿,她是这个村里最勇敢、最正直的人。孙红有一个爱好,那就是喜欢捡拾一些有趣的树叶和昆虫。

一年秋天,眼看着村里的果树就要丰收了,却被人偷走了一大半。村民们纷纷猜测罪魁祸首是小红,因为她经常在果园附近活动。即使小红解释说她只是在果园里玩耍,并没有偷东西,但村民们还是怀疑她。

小红感到十分委屈,但她还是选择用行动来证明自己的清白。她经常做一些力所能及的事情,如帮助村民修剪果树、打扫村庄等,展现出自己的善良和正直。

渐渐地,村民们改变了对小红的看法,他们发现小红是一个有爱心和责任感的人。最终,经过警察的细致侦查,真正的小偷被抓获,证明了小红的清白。

这个故事告诉我们,面对别人的指责时,不要轻易去辩解,而应该用实际行动来证明自己的清白。正直和善良最终会赢得别人的尊重和信任。

第六章 职场中的博弈

现如今，博弈论的应用面已经越来越广，对于任何一个职场人而言，博弈论就像其他经济学原理一样，是一种非常好用的工具、一种切实可行的分析方法，它能够给你提供思路，帮助你做出科学的决策。职场博弈的最好结果就是打造一个成长的空间，让每个人都爱心满满，愿意站在他人的角度考虑问题。

读懂老板,你的职场就成功一半

> 即使是经验丰富的老板,也可能会因为各种因素,如压力、情绪等而做出不理智或错误的决策。但是在员工和老板的博弈中,如果老板下达了指令,员工就要尽力去完成。因为老板的权力大于员工,相对来说,员工属于劣势群体。

从某种程度上来说,老板和员工之间是不对等的关系。老板就是老板,他让员工有平台发挥才能,提供给员工报酬,他对员工产生的影响是任何人都比不了的。但是在职场上,我们要记住一点:少一些幻想,多一些现实。

一个聪明的下属,从来不会评论老板。可能老板的能力不如你,但他一定比你会用人。当你看懂了老板时,对于整个职场,你也就知晓了一二。事实上,老板和员工的关系并不能通过对错来进行简单的判断。

小欣今年刚从学校毕业,走入职场,并不太了解职场上的一些规矩,对于一些职场潜规则,她更是一脸茫然。这一天,她的老板在利益的驱使下,购买了一些假冒伪劣产品,让公司的一个老客户很生气,二人当场翻脸。气急之下,老板让小欣给这个客户发邮件,声称以后再也不和他合作了。没过多久,老板气消以后,又对小欣说,你再给那个客户发封道歉的邮件,就说以后有机会还可以合作。小欣当即告诉老板,自己并没有发那封从此以后不合作的邮件。她原以为老板听到她这么说,会觉得她通世故、懂人情,谁知老板却严厉地批评了她。小欣说:"我想您肯定是一时冲动才决定那么做的,所以就自作主张没有发送。"老板听后什么也没说,可是小欣明显感觉到老板对自己的态度不同于以前了,好像不太待见她了。时间一长,小欣忍受不了,便提出了辞职。

尊重老板是职场博弈必须重视的铁律

在与人打交道的过程中,有一个很重要的法则,那就是彼此尊重。尤其是老板,下属对他尊重与否,是他尤其注重的方面。如果一个人不尊重老板,那他必定是个愣头青。假如你不尊重老板,他肯定会讨厌你,甚至觉得你在蔑视他的个人权威。尤其是在现代职场中,你想要保住自己的饭碗,就必须尊重老板。一个人仅凭自己的能力在职场上有所成就是很难的,现实中这样的例子并不鲜见。其中的原因就在于他没有严格服从领导的命令、遵从领导的指挥,以及跟随领导的脚步。

适应你的老板

在职场中,你需要记住的是,一定要尊重你的老板,维护他的个人威信,不要自作主张,要坚决听从老板的指令。作为老板,他能坐到如今这个位置,必定有他突出的地方。哪怕他的指令有时会有漏洞,只因他是老板,你也要坚决地执行。当你进入一个团体,这个团体在老板的领导下已经高效运转起来,而你要做的就是努力去适应这个环境,适应老板的工作方式。假如每个人都按照自己的想法来做事,那么公司就会失去凝聚力,就不能成为一个团队,早晚会垮台。

和直接领导的相处之道

在和上司的博弈中,你一定要保持清醒的头脑,必要时可以用些小心机,可是在大方向上一定要坚持原则。在职场中,上司和老板不同,和普通同事也不同,他是你的直接领导。你要听从他的指令完成工作,要和他沟通工作中的问题,完成自己的任务。如果遇到特别小心眼儿、特别难缠的上司,你可以私底下找到老板,和他沟通,如果依然不奏效,你可以直接走人。

小李在工作中就遇到了与直接领导张经理的博弈。张经理对小李的工作方案提出了质疑,认为它不够成熟。小李明白,直接反驳可能导致关系紧张,于是他选择了一种更为策略性的方式。

小李私下与张经理沟通,详细解释了自己的方案背后的思考,并虚心请教张经理的建议。他并没有直接坚持己见,而是展现出对张经理经验的尊重。同时,他也巧妙地提出了一些改进方案,既满足了张经理的要求,又保留了自己的创新思路。

经过几次深入的讨论,张经理对小李的方案有了新的认识,并给予了支持。在这次博弈中,小李没有选择硬碰硬,而是用智慧和策略赢得了张经理的理解和尊重,也为自己赢得了更多的发展机会。

多多夸赞你的上司

在职场中,与上司的博弈需要智慧。深入了解上司的个性至关重要,这是制定有效沟通策略的前提。若上司偏好赞美与恭维,那么适度地迎合其喜好,用恰到好处的言辞表达认可与敬意,无疑能增进双方关系。这样一来,上司会视你为懂得察言观色、识时务的下属,进而在职场上给予你更多支持和机会,让你的职业生涯更加顺畅。因此,在与上司的博弈中,理解并尊重其个性,是成功的关键。当然在和上司展开博弈之前,一定要对上司的个性有所了解,这样才能有的放矢。如果真遇到了那种喜欢别人拍他马屁的上司,那你就多迎合他,多说一些好听的话。在他眼里,你就是个识时务的人,日后也会高看你一眼,让你的职场之路走得更加顺利。

适时请赏，正确看待自己的薪资

> 如果上司交代你办一件事情，而这件事情又涉及经济利益时，如果你一声不吭地就接受了，可能会引起上司的不满，会觉得你想从中获利。因此，当时机合适时，你要提前说出自己的要求，让上司不再怀疑你，这样你才能大展拳脚。

很多老板在交给员工一项重要任务时，都会事先给出承诺，他相信这样的承诺可以激发你的动力，让你工作更卖力，同时也是给你压力，让你不敢懈怠。假如老板交给你任务时，忘记了承诺，或者支支吾吾不出声，你就要大胆提出要求，这是你应得的，老板并不会觉得你是故意要求涨薪。

当你接受一项任务时，可以找准时机，要求上司给你一定的好处。当然，这个好处不能超出一定的范围。这不仅是你在领导面前表达你一定会完成任务的决心，也会让老板更放心地把任务交给你。

在秦始皇一统天下的过程中，王翦立下了赫赫战功。当秦始皇的基业稳固下来以后，他却担心王翦威胁到他的统治。在之后攻打楚军时，他有意让李信将军带兵出征,冷落了王翦。于是,王翦请求辞官。可是李信不敌楚军,秦始皇只好再次找到王翦,请他出征。王翦深知秦始皇对自己心存疑惑,于是在临出发时对秦始皇说:"请您多赐给我一些土地。"秦始皇很纳闷,问他为什么会有这样的要求?王翦说:"作为将军,哪怕建立了功勋也不能封侯,不如趁机捞点儿实惠,也算给子孙后代造福了。"秦始皇一听哈哈大笑,顿时消除了心中的疑虑。之后,王翦又多次要求秦王赐给他良田,时人不解。王翦说:"我之所以这样做,只是因为我现在掌握着整个秦国的军队,只能出此招让秦王不再怀疑我。"

注意请赏的分寸

在"邀功请赏"时,我们也要注意拿捏好分寸:一是不在小利上费口舌,心胸要开阔一些、大度一些,让老板觉得你会吃亏。二是根据"价值"来谈条件。如果你为公司拉到100万元的赞助费,那么你就要求老板兑现之前谈好的提成比例,不要抬高要求,也不能降低要求。三是多提困难,让老板有打折的空间。有时候,你弱化了困难,老板可能只会给你记个小功。所以,你要学会将困难放大一些,为自己争取的利益要大于你实际想要得到的利益,让老板有发挥的余地。

论博弈的本质

当你向老板要求加薪时

一直以来,老板和员工之间都是既矛盾又统一的关系。两者之间的博弈,通常都集中在薪水和效率上。作为员工,假如你想要老板给你提高薪水,你就要主动提出来。如果你不开这个口,那么之后的博弈统统都是失效的。可是,当你在要求老板给你加薪时,不仅要列举出你要求加薪的理由,还要明确提出加薪的幅度,或者加薪的数额。还要注意的一点是,你要求加薪的数额要比你实际想要得到的数额要高。老板们普遍会觉得,当你不敢提要求时,就意味着你认为自己是不值钱的。

不要只为了薪水而工作

每份工作都会带给人成长,隐藏着很多自我提升的机会。如果你太看重薪水,那么你就是一个既得利益者,而不是一个长期主义者,这对你未来的发展是不利的。当你因为薪水低而不好好工作时,其实损害的是你未来的发展之路,对老板并不会造成多大的损失。

蕾蕾来到一家建材公司应聘,经理打量了她一番,便摆摆手让她回去,说建材公司又苦又累,根本不适合她这样的年轻姑娘。可是蕾蕾说她不怕吃苦。经理说："我们这儿的工资是不固定的，底薪只有5000元。"可是面对如此苛刻的条件，蕾蕾犹豫了片刻就答应了。经理见还赶不走她，便继续为难她："我们公司不给员工交社保，而且电话费、交通费也不给报销。"蕾蕾依然答应了。经理又继续说："我们要求新人一个月的销售额要达到100万元，否则就要走人了。"蕾蕾全都答应下来。经理一脸不可置信。蕾蕾深知这位经理是在刁难她，可是她没有退路，她只能干下去。她相信凭借自己的能力，可以赚到更多的钱。在这之后，蕾蕾便开始了苦行僧般的生活，并用一个月的时间证明了自己的能力，完成了公司规定的任务，她也因此获得了丰厚的物质回报。

能力比金钱更重要

假如一个人总是苦恼于工资条上那笔工资，那么他就没有机会看到工资背后所蕴含的成长机会。当机会来临时，他也会遗憾错过。如果你一直在和老板就工资的问题进行博弈，你是得不到什么好处的。与其这样，还不如先退出这场博弈，踏踏实实干出一番成绩，加薪自然会轮到你。当你不单纯只为薪水而工作时，你就会得到比你预想要高得多的回报。假如你一直勤奋工作，在工作上精进，你就会在行业内收获一个好口碑，这对于你今后的发展都是非常有利的。

保持理智，跳槽也是一门学问

> 跳槽并不总是有益的，有时可能是一种风险，那么我们应该如何判断，到底应不应该跳槽呢？这时，我们就可以将博弈的原理派上用场。当员工提出跳槽时，老板要么默许，要么挽留。员工也可以选择跳槽，或者继续留在这里。当然，各自最终做何选择，都是从自身利益出发考量的。

跳槽也是有风险的，在跳槽之前，一定要经过深思熟虑。并不是所有人都可以通过跳槽，让自己的人生更上一个台阶的。那是因为跳槽是在短期利益和长期利益之间进行的博弈，其中的精髓并非所有人都能参透，你只有足够了解博弈论，才能尽量扩大自己的收益。

在跳槽时，当事人一定要保持足够清醒的头脑。因为你所做的每个选择，所产生的博弈结果是不一样的。假如你选择不当，有可能会让自己掉到坑里。因此，在这场博弈中，哪怕你不能完全理性地武装自己，也要尽量剔除感性因素。

文文刚走入职场时，她就听到过来人的经验之谈，第一份工作就是让你长点儿经验，不要指望着能做一辈子。她也觉得没错，不能一毕业就把自己定死了，要多方面尝试才行。于是，在销售岗位上做了一段时间以后，她觉得太累了，便找了一份文员的工作，后来她又觉得文员工作没前途，又去了业务岗。就这样，在短短半年时间里，她就换了四份工作，如今又开始找新工作了。文文如今的困境就在于她没有给自己一个清晰的定位，导致现在在找工作时还是一头雾水。

站在博弈的角度来看，该不该跳槽，要考虑到文文的工作报酬，以及工作所带给她的发展前景。作为员工，文文还要考虑频繁换工作，会不会让她的下一任老板对她产生不好的印象，觉得她对企业的忠诚度不够。

不要频繁跳槽

在这个追求个性的时代，很多人之所以频繁跳槽，就是想体验不同的生活方式。假如你选择了跳槽，也就意味着你放弃了目前这份工作所带来的显性收益和隐性收益，这就是你跳槽要付出的机会成本。从长远的角度来看，如果你想要得到更高的薪水、更高的职位，绝对不是通过频繁跳槽可以得到的。与此同时，频繁跳槽还会影响你个人资源的积累，以及自身能力的培养，也会影响企业领导对你的评价。

不要因为薪水和人际关系跳槽

更需要注意的是,频繁跳槽还存在一个很严重的问题,那就是用人单位会怀疑你的工作态度。假如你只是因为另一家公司支付给你的薪水要高于现在的公司,你就选择跳槽,那么最后的结果可能会让你大失所望。因为你可能会和新老板难以磨合,或者难以适应新公司的企业文化等。因此,不要因为更多的薪酬而决定跳槽。有的人还可能因为在现有的公司和同事之间有矛盾,所以才选择跳槽。这是更不明智的行为,因为人与人之间难免会有一些小误会。当出现博弈时,我们要反思的是策略,而不是直接退出。

跳槽要付出的机会成本有哪些

尽管跳槽存在机会成本,可是一味地否定跳槽也是不可取的。这里之所以会提到机会成本,只是为了提醒大家,在跳槽之前,大家要认真思考,从而做出更加科学的决策。那么,跳槽究竟有哪些机会成本呢?一是时间的机会成本。跳槽势必要付出相应的时间和精力,还要承受一定的心理压力。二是薪酬的机会成本。跳槽就表明你舍弃了现有的薪资和潜在的待遇。三是人际关系的机会成本。你在某个环境中所得到的回报,不仅有薪水,还有人脉、锻炼的机会等。四是升迁的机会成本。新单位要对你的能力和人品进行重新考察。

李蜜曾在某广告公司担任设计师,每个月薪资是12000元。当新广告公司以月薪15000元向她抛出橄榄枝时,李蜜没多想就跳槽了。可到了新广告公司以后,她才发现这里的工作氛围比之前的公司差远了,同事们都只干自己分内的活儿,团队凝聚力几乎为零。之前的广告公司每周还会举行头脑风暴,集合大家的智慧,可是这里压根儿就没有。不仅如此,这里的老板和总设计师还非常专制,完全不重视个人的创意。对于李蜜所提出的方案,他们从来都是否决。慢慢地,李蜜越来越没有信心干下去了。可是这时她也没脸再回原公司了,只好一边苦哈哈地干着,一边找新工作。而她的现任老板则觉得李蜜完全没有了之前的风采,来这么久了也没有交出任何出彩的作品,反倒还拿着高工资,对她的印象也没有之前好了。

哪些情况下可以选择跳槽?

假如现在的工作让你感到厌烦,不能找到自身价值,甚至连工作性质都与你想象的大相径庭。比如,同事什么事都会使唤你,当你遇到这种情况时,要直接向上司坦诚你的看法,事情也许会变得不一样。假如你遇到以下情况,你大可以选择跳槽。比如,顶头上司没有斗志、高层领导一意孤行、有能力的人得不到重用、没有能力的人却身居高位、公司经营管理存在问题、老板只注重眼前利益、经营不公开、老板认为公司是个人的等。如果公司出现以上情况,就要按照自己的意愿去选择自己的工作!

谈判博弈，知彼知己百战不殆

> 谈判博弈广泛存在于现实生活中，比如情侣之间因为看什么类型的影片而产生的博弈、商业中是合作还是竞争的博弈，都会经历一个谈判的过程。当我们掌握了谈判的诀窍以后，对于后期博弈的获胜是有帮助的。

你和汽车销售员就一辆汽车的价格进行谈判、你和老板就升职加薪的问题进行谈判，谈判在现代社会无处不在，且越来越重要。不管对于哪一方来说，通过谈判达成协议都要好于未达成协议。但是在谈判之前，我们要充分了解对手，这样才能增加谈判成功的可能性。

谈判是一门艺术，这种艺术旨在化解冲突，而不是消灭冲突。我们所生活的世界里处处充满矛盾和冲突，这时博弈就可以派上用场了。假如你能将博弈运用得炉火纯青，那么在这场谈判中，你就是赢家。

这一天，球员弗兰克的代理人正和球队老板进行一场谈判。代理人要求将弗兰克的年薪涨到52.5万美金,老板答应了。代理人不满足,又提出了新的要求,要求老板写保证书,老板也同意了。之后,代理人又向老板提出要求:等到明年,弗兰克的年薪要再涨10万美金,老板想了一下也同意了。接下来,代理人又提出要求老板写保证书。这一下彻底激怒了老板,他表示之前的所有承诺都作废,谈判也以失败告终。

弗兰克后来到了西雅图的一个球队,年薪只有区区8.5万美元。在这次谈判中,代理人最大的错误是太贪心了,而且在谈判过程中不断提高自己的要求。不管在什么样的谈判中,你都要注重过程,而不能眼里只有谈判内容。直到谈判结束,才能得出科学的结论。

谈判博弈要遵守的三个原则

在谈判博弈时,我们必须遵守三个原则:一是看准时机,尽可能降低谈判成本。二是对自己和对方都有足够的了解,让博弈对手率先行动,然后选择适合自己的策略。三是在谈判过程中,要保持足够的耐心,千万不要因为一时心急,而早早结束谈判。如果你是着急的那一方,那么你妥协的可能性就越大,就越难以得到你想要的收益。在谈判博弈时,不但要和对方友好往来,还要协调好双方的利益,这样才有利于谈判目的的达成。

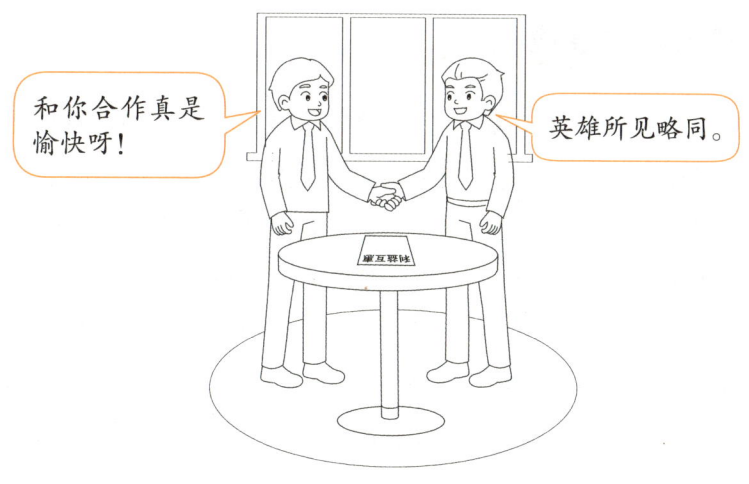

在谈判过程中学会适时让步

如果你的谈判对手是一个竞争型的人，那么你的竞争意识要比他更加强烈，因为竞争性谈判会让对方一直想压价或抬价。共赢谈判是最理想的局面，合作性谈判就归于此列。可是，即便是共赢，依然存在很大的谈判空间。为了达成共赢，适时的让步不失为明智之举。假如在谈判过程中，对方特别在意某个点，强烈要求你在这点上让步，这就是对方谈判利益的需求点。如果你能在这时做出让步，那么对方就可能在其他地方也做出更大的让步。

谈判的注意事项

谈判时要讲究一定的策略。要想让谈判获得成功，就要注意以下几个方面：一是提前做好充分的准备，尽可能多地收集对方的信息，确定三套谈判方案，以便随时应对谈判中的变化。二是要尊重对方。三是谈判风格独具，这会对谈判的成败产生直接影响。在谈判时不仅要坚持原则，还要兼顾灵活性。四是要选择正确的"战术"。如果是一次性谈判，就要做到稳、准、狠，尽可能争取最大利益。如果打算长期合作，就要适时做出让步。五是要有坚持和创新的能力。遇到逆境，要坚持下去，鼓励创新。

美国知名经济学家保罗·萨缪尔森称美国中央银行是历史上的三大伟大发明之一。美国中央银行则是由美国摩根财团主导成立的,美国自从经历了一场经济大危机以后,便决定建立中央银行,而摩根本人以及财团做出了不可磨灭的贡献。摩根不但是经济学家,还是谈判专家。摩根曾和克利夫兰总统进行了一场具有重大意义的谈判。当时,整个世界都开始抢购黄金,美国国债被大量抛售,美国国库告急。摩根觉得机会来了,他决定和另一家大型金融公司合作成立辛迪加,承办美国黄金国债,可政府并不同意他这样做。于是,双方开始谈判,摩根坚持通过辛迪加,让英国伦敦的黄金再次流向美国,并以一张未兑现的1200万美元的支票作为威胁。最后,美国政府答应了他的所有要求,并在摩根的帮助下渡过了危机。

谈判成功的先决条件

摩根之所以可以在谈判中获胜,是因为他足够了解政府当时的情况,所以在谈判中占据了制高点,先发制人。这就告诉我们,在谈判中,了解自身和对手的实力是相当重要的。当我们与人进行谈判时,我们首先要了解对方的背景,然后在谈判中把握有利时机,一举命中对方的要害,方可在谈判中获胜。尽管这个道理对于谈判者而言并不陌生,可是在实战中,很多人难以提出变换的谈判条件,总是抱着一两个谈判条件不放弃,这样要么会让谈判陷入僵局,要么只能做出让步。

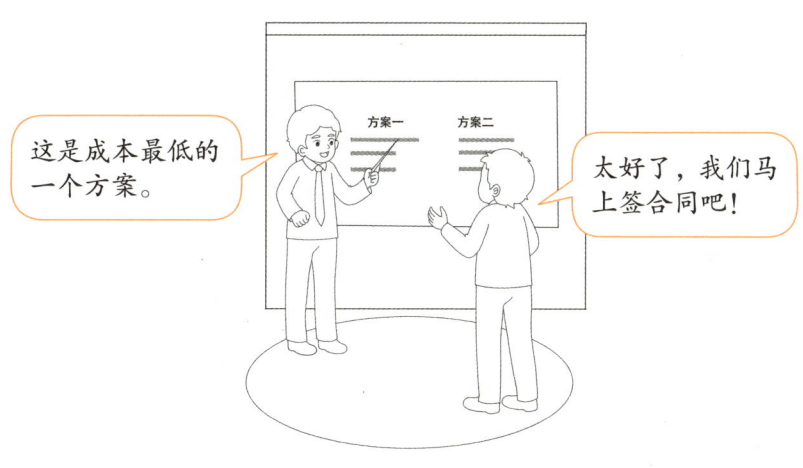

论 博弈 的本质

在商业舞台上，每场谈判都是一场华丽的较量，更是智慧的巅峰对决。这就意味着，了解对手、把握时机至关重要。

首先，了解对手是谈判成功的关键。就像准备一场精彩的舞蹈表演一样，提前研究对手的背景、利益和动机，洞察其底牌和短板，有助于我们在谈判中找到突破口和优势点。

其次，把握时机是取得谈判成功的关键。就像舞者在节奏感强烈的音乐中掌握每一个舞步的节奏一样，我们也需要敏锐地捕捉谈判中的关键时刻，抓住机会，果断行动。

最后，我们还需要保持警觉，时刻关注外部环境的变化，及时调整自己的战略和策略，以应对不断变化的市场和竞争态势。只有保持头脑清醒，不被琐碎的细节和情绪所左右，我们才能在竞争激烈的商业市场中脱颖而出。